BUNTE KOSMOS TASCHENFÜHRER

D1868562

Bunte Kosmos-Taschenführer

Weitere Bücher für den Naturfreund aus dieser Reihe:

Pflanzen: Aichele, Das blüht an allen Wegen – Aichele, Hier find ich Deutschlands schönste Pflanzen – Aichele/Schwegler, Bunte Welt der Alpenblumen – Aichele/Schwegler, Die Natur im Jahreslauf – Bechtel, Bunte Welt der Kakteen – Bechtel, Bunte Welt der Zimmerblumen – Bechtel, Exotische Orchideen – Haas/Schrempp, Pilze, die nicht jeder kennt – Haas/Schrempp, Pilze in Wald und Flur – Kohlhaupt, Bunte Welt der Orchideen – Kremer, Pflanzen unserer Küsten – Kult, Kosmos-Pilzfibel – Rein, Bunte Welt der Gartenblumen – Rüdt, Heil- und Giftpflanzen – Sanderse, Pflanzen als Aquarienschmuck – Schönfelder, Das blüht am Mittelmeer – Zech, Bäume und Sträucher – Zech, Bunte Welt der schönen Rosen

Tiere: Adrian, Große Hunde – Adrian, Kleine Hunde – Aichele, Das fängt man mit der Angel – Bechtel, Bunte Welt der Stubenvögel – Bechtle, Bunte Welt im Terrarium – Entrop, Muscheln und Schnecken an Europas Küsten – Hoeher, Vogelkinder und ihre Eltern – Neugebauer, Korallenfische im Aquarium – Nissen, Pferde und Ponys – Pfletschinger, Bunte Welt der Insekten – Pfletschinger, Einheimische Spinnen – Rein/Zech, Wunderwelt der Schmetterlinge – Rohm, Bunte Welt der Vögel – Splechtna/Hilgers, Niedere Tiere im Meeresaquarium – Schwammberger, Bunte Welt der Tiere – Thies, 62 Katzen in Farbe – Weiß, Bunte Welt der Tropenfische – Weiß, Fische fürs Gesellschaftsbecken

Minerale, Steine und Versteinerungen: Hartmann/Binnewies, Edelsteine – Lieber, Bunte Welt der schönen Steine

Biotopführer: Aichele/Schwegler, Die Natur in unserer Stadt – Aichele/Schwegler, Lebensraum Alpen – Aichele/Schwegler, Seen, Moore, Wasserläufe – Aichele/Schwegler, Wald und Forst

Reiseführer für Naturfreunde: Ballenberger/Haas, Die Schwäbische Alb in Farbe – Bechtel, Der Niederrhein in Farbe – Bechtle, Der Neusiedler See in Farbe – Bechtle, Provence und Camargue in Farbe – Bechtle, Stuttgart für Naturfreunde – Gruber, Der Schwarzwald in Farbe – Grupe, Naturschutzpark Lüneburger Heide in Farbe – Haeupler, Der Harz in Farbe – Heierli, Graubünden in Farbe – Janus, Das Watt – Jung, Sauerland und Siegerland in Farbe – Körber, Die Allgäuer Alpen in Farbe – Körber, Das Altmühltal in Farbe – Matthes, Die Felsenküste der Adria – Roth, Westerwald und Siebengebirge in Farbe – Sauer, Das bayerische Voralpenland in Farbe – Sauer, Die Eifel in Farbe – Streble, Was find ich am Strande? – Tuchen, Die Vogesen in Farbe – Vogt, Teneriffa in Farbe

Gerhard Jurzitza

Unsere Libellen

Die Libellen Mitteleuropas in 120 Farbfotos

Kosmos · Gesellschaft der Naturfreunde
Franckh'sche Verlagshandlung · Stuttgart

Umschlag von Edgar Dambacher unter Verwendung einer Aufnahme vom Verfasser
Das Bild zeigt ein Männchen der Blutroten Heidelibelle, Sympetrum sanguineum (Müller). Vgl. Nr. 37, 39, 53 – 56

Mit 120 Farbfotos von H. Pfletschinger (Nr. 12), E. Schmidt (Nr. 67, 93) und vom Verfasser sowie drei Schlüsseltafeln und 41 Zeichnungen von Sigrid Haag

CIP-Kurztitelaufnahme der Deutschen Bibliothek

Jurzitza, Gerhard
Unsere Libellen : d. Libellen Mitteleuropas in
120 Farbfotos. – 1. Aufl. – Stuttgart : Franckh,
1978.
(Bunte Kosmos-Taschenführer)
ISBN 3-440-04553-6

Weiterführende Literatur:

Corbet, P. S.: A biology of dragonflies. London: Witherby 1962
May, E.: Libellen oder Wasserjungfern. In: Dahl, E. Die Tierwelt Deutschlands, 27. Teil. Jena: Fischer 1933
Robert, P. A.: Die Libellen (Odonata). Bern: Kümmerly & Frey 1959
Schiemenz, H.: Die Libellen unserer Heimat. Jena: Urania 1953; Stuttgart: Franckh 1957
Schmidt, E.: Libellen, Odonata. In: Brohmer, P. Die Tierwelt Mitteleuropas. Leipzig: Quelle & Meyer 1929

Meinem Freunde, Herrn Dr. Paul Münchberg, dem Pionier der Libellenforschung, danke ich für die kritische Durchsicht des Manuskriptes.

Franckh'sche Verlagshandlung, W. Keller & Co., Stuttgart / 1978

Printed in Italy / Imprimé en Italie / LH 14 be / ISBN 3-440-04553-6
Satz: Konrad Triltsch, Würzburg
Herstellung: Grafiche Muzzio, Padua / Italien

Unsere Libellen

Vorwort 5
Übersicht über das System der Libellen 6
Zum Gebrauch des Bestimmungsschlüssels 6
Libellenlarven 10
Eine Kleinlibelle schlüpft 12
Wie die Libellen schlüpfen 14
Der Lebenslauf einer Segellibelle 16
Sie fressen, und sie werden gefressen 18
So fliegen die Libellen 20
Wanderlibellen 22
Libellen sonnen sich 24
Feinde der Libellen 24
Die Paarung 26
Paarungs-Irrtümer 28
Die Eiablage der Kleinlibellen 30
Die Eiablage der Großlibellen 32
Das Eiablageverhalten einer Heidelibelle 36
Libellen an Bach und Fluß 38
Libellen an Tümpel, Teich und See 46
Libellen im Moor 66
Verzeichnis der wissenschaftlichen Namen 70
Verzeichnis der deutschen Namen 71

Vorwort

Über die Libellen weiß selbst der Naturfreund zumeist nur wenig. Ihre leuchtenden Farben verschwinden nach dem Tode, so daß sie kaum gesammelt werden. Vielleicht gehören sie deswegen zu den Stiefkindern der Naturwissenschaft; der Sammeltrieb nämlich regt oft dazu an, sich mit der Natur zu beschäftigen. Unseren Vorfahren müssen die Libellen schon sehr früh aufgefallen sein, da sie mehr volkstümliche Namen tragen als andere Insekten. Freilich scheint man keine Arten unterschieden zu haben, die meisten Bezeichnungen gelten für die ganze Gruppe. Namen wie „Vierfleck", „Plattbauch" und „Blaupfeil" sind Ausnahmen; viele der deutschen Namen gehen auf den Heidedichter Hermann Löns zurück. Die prächtigen Tiere müssen unseren Ahnen unheimlich gewesen sein, da man sie „Teufelsnadeln", „Teufelsbolzen" oder „Augenstecher" nannte. Dabei können sie, einem weit verbreiteten Aberglauben entgegen, gar nicht stechen. Treffender schon ist das englische Wort „dragonflies", Drachenfliegen. Für andere Kerbtiere, auch für ihresgleichen, sind die Libellen wahre Drachen (Siehe Nr. 17 – 20, 96).
Rätselhaft war lange Zeit der Sinn des Wortes „Libelle". Oft wird es vom lateinischen „libellum", Büchlein, abgeleitet, weil die Tiere ihre Flügel öffnen und schließen wie die Seiten eines Buches. Besser wußte es Tümpel (Die Geradflügler Mitteleuropas, 1922), der schrieb, die Larven einiger Libellen würden dem Hammerhai (libella) gleichen; mehr freilich verrät auch er nicht. Diese Ungewißheit verdanken wir dem schwedischen Naturforscher Carl von Linné, der den Namen Libellula einführte, ohne seine Quelle preiszugeben. Diese ist das Werk „L'histoire entière des poissons" aus der Feder des französischen Naturfor-

schers und Arztes Guillaume Rondelet alias Gulielmus Rondeletius (1505 – 1566), das 1552 in lateinischer und vier Jahre später in französischer Sprache erschien. Da liest man etwa folgendes: „Ein kleines Insekt könnte Libellula fluviatilis genannt werden, da sein Körperbau einem Meeresfisch ähnelt, der Zygaena oder Libella heißt (der Hammerhai!). Er hat die Form einer Wasserwaage, wie sie die Architekten gebrauchen, und wird in Italien auch Hammerfisch genannt. Jenes Tier ist sehr klein, hat die Form eines „T" oder einer Wasserwaage, besitzt aber auf jeder Seite drei Beine. Der Schwanz endet in drei grünen Spitzen, mit deren Hilfe das Tier schwimmt". Die Zeichnung, die Rondelet seiner Beschreibung beigab, zeigt, einfach zwar in der Darstellung, doch unverkennbar, eine Kleinlibellenlarve (Nr. 1, 2).

Übersicht über das System der Libellen

Die Ordnung „Odonata" zerfällt in drei Unterordnungen, von denen zwei in Europa vertreten sind. Die Unterordnung „Zygoptera", Kleinlibellen, umfaßt kleine bis mittelgroße, schlanke Tiere mit hantelförmigem Kopf und fast gleich gestalteten Vorder- und Hinterflügeln. Bei uns sind folgende Familien vertreten: Teichjungfern (Lestidae), Schlanklibellen (Coenagrionidae), Federlibellen (Platycnemididae), Prachtlibellen (Calopterygidae). Die „Anisoptera" oder Großlibellen sind kleinere oder große Tiere. Ihnen gemeinsam sind die an der Basis verbreiterten Hinterflügel sowie ein kompakter Kopf, dessen Augen sich zumeist berühren. Arten aus folgenden Familien kommen in Deutschland vor: Edellibellen (Aeshnidae), Quelljungfern (Cordulegastridae), Flußjungfern (Gomphidae), Falkenlibellen (Corduliidae), Kurzlibellen (Libellulidae).

Zum Gebrauch des Bestimmungsschlüssels

Auf den folgenden Seiten finden Sie einen graphischen Bestimmungsschlüssel, der eine Bestimmung der mitteleuropäischen Libellen bis zur Gattung ermöglicht. In einigen Fällen wurden allerdings nur die Männchen erfaßt. Das folgende Beispiel soll zeigen, wie Sie vorgehen müssen:
Ihnen liegt ein Vierfleck (Nr. 25, 101) vor. Sie vergleichen die Flügelform mit den beiden Abbildungen auf Tabelle 1, oben. Diese treffen nicht zu, Sie schlagen Tabelle 2 auf. Da die Basis der Hinterflügel verbreitert ist wie auf der Abbildung ganz oben, haben Sie eine Großlibelle (Anisoptera) vor sich. Als nächstes sollen Sie den „Kopf von oben" betrachten. Am ehesten trifft die Abbildung ganz rechts zu, die Augen berühren sich in einem Punkt. Die Pfeile führen Sie weiter zu zwei Flügeldarstellungen. Sie suchen die angedeuteten Aderndreiecke auf und stellen fest, daß bei Ihrem Tier jenes im Vorderflügel höher ist als breit, im Hinterflügel breiter als hoch. Der Augenhinterrand ist nicht ausgebuchtet („Kopf von der Seite"), also blättern Sie weiter zur Tabelle 4. An der Hinterflügelbasis ist ein größerer, dunkler Fleck, das Gesicht ist nicht weiß, also haben Sie eine *Libellula*-Art vor sich, die Sie anhand der Abbildungen identifizieren können.

Die Tafelbilder sind wie folgt zu lesen:
Hochformat: Links oben, rechts oben, links unten, rechts unten
Querformat: Die Anordnung von Texten und Abbildungen stimmt überein.

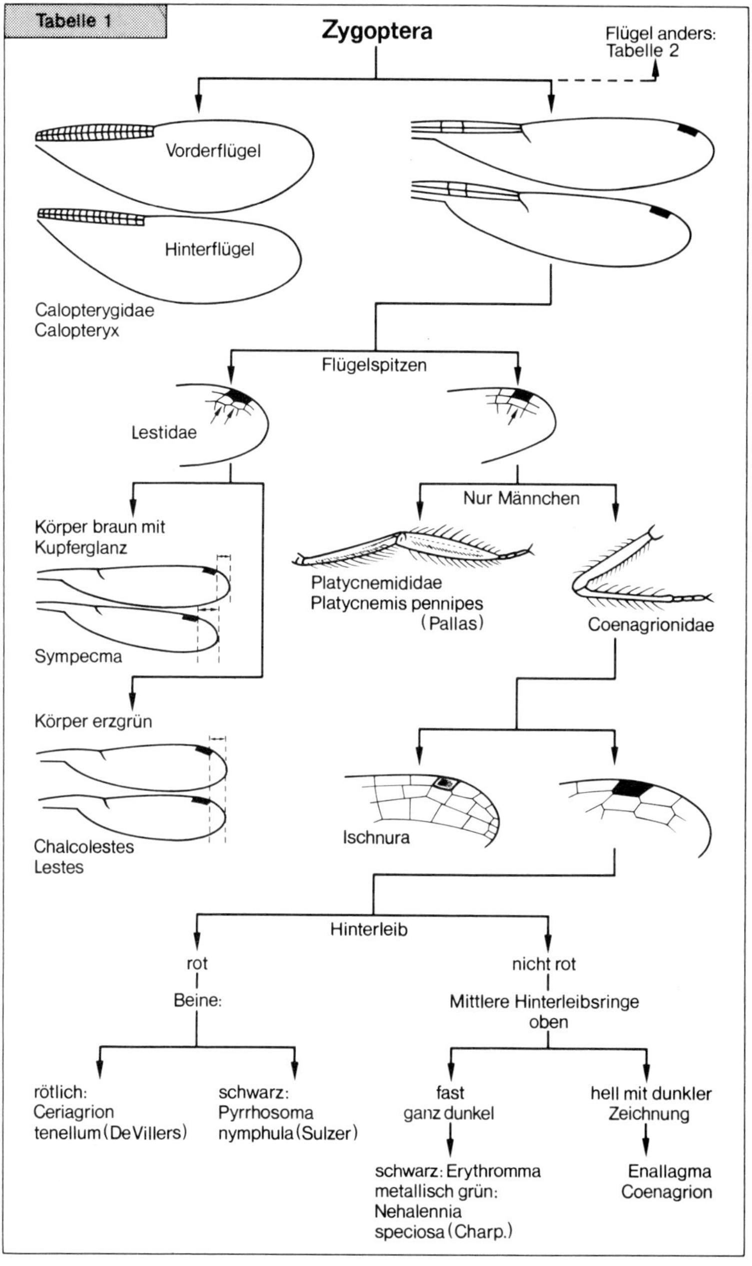
Tabelle 1
Zygoptera
Flügel anders: Tabelle 2
Vorderflügel
Hinterflügel
Calopterygidae
Calopteryx
Flügelspitzen
Lestidae
Körper braun mit Kupferglanz
Sympecma
Körper erzgrün
Chalcolestes
Lestes
Nur Männchen
Platycnemididae
Platycnemis pennipes (Pallas)
Coenagrionidae
Ischnura
Hinterleib
rot
Beine:
rötlich:
Ceriagrion tenellum (DeVillers)
schwarz:
Pyrrhosoma nymphula (Sulzer)
nicht rot
Mittlere Hinterleibsringe oben
fast ganz dunkel
schwarz: Erythromma
metallisch grün:
Nehalennia speciosa (Charp.)
hell mit dunkler Zeichnung
Enallagma
Coenagrion

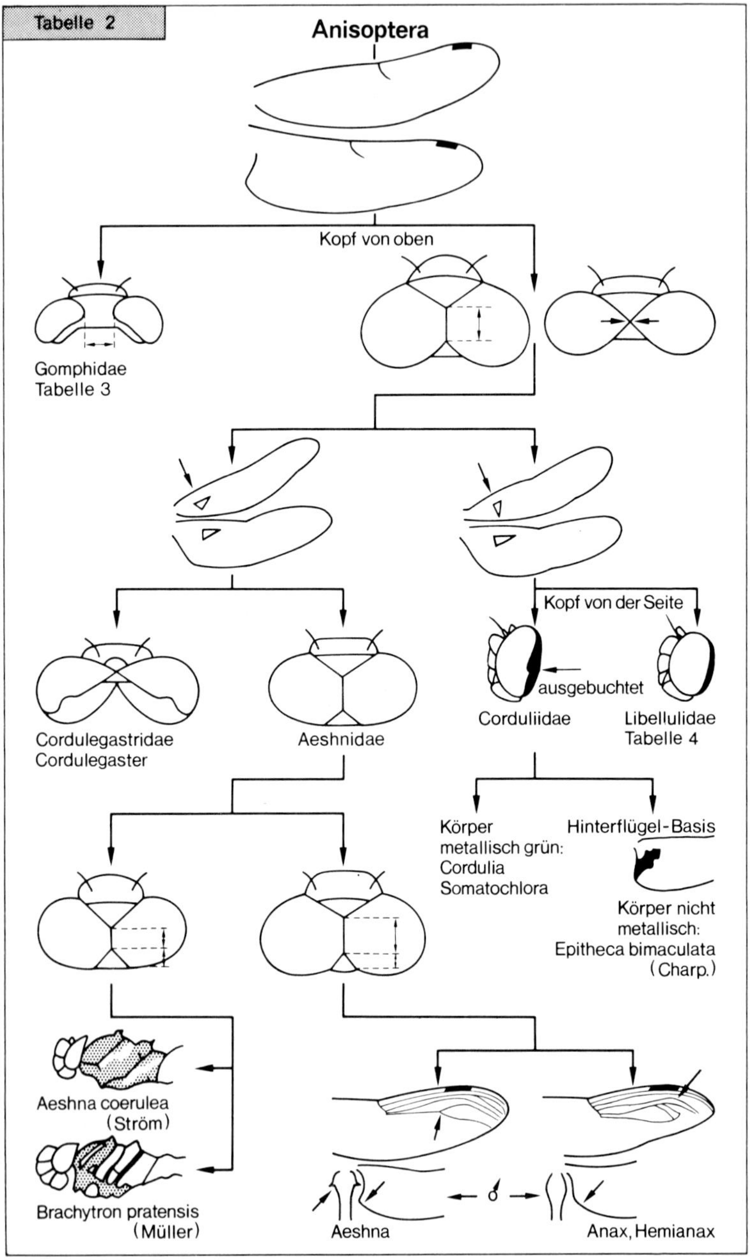

Tabelle 2
Anisoptera
Kopf von oben
Gomphidae
Tabelle 3
Kopf von der Seite
ausgebuchtet
Cordulegastridae
Cordulegaster
Aeshnidae
Corduliidae
Libellulidae
Tabelle 4
Körper
metallisch grün:
Cordulia
Somatochlora
Hinterflügel-Basis
Körper nicht
metallisch:
Epitheca bimaculata
(Charp.)
Aeshna coerulea
(Ström)
Brachytron pratensis
(Müller)
♂
Aeshna
Anax, Hemianax

Tabelle 3

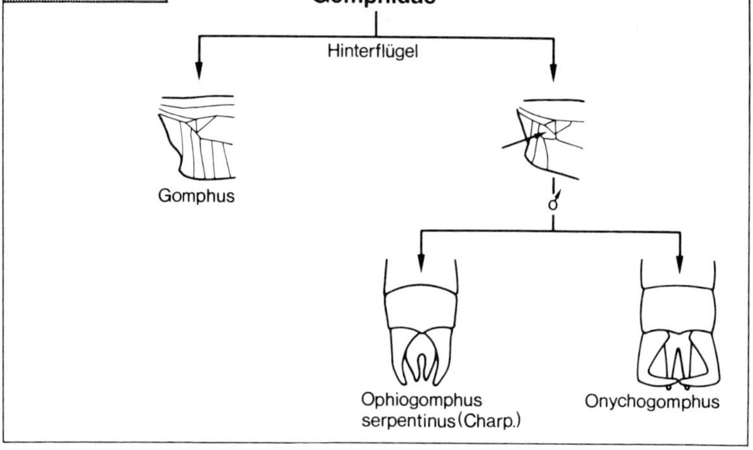

Tabelle 4

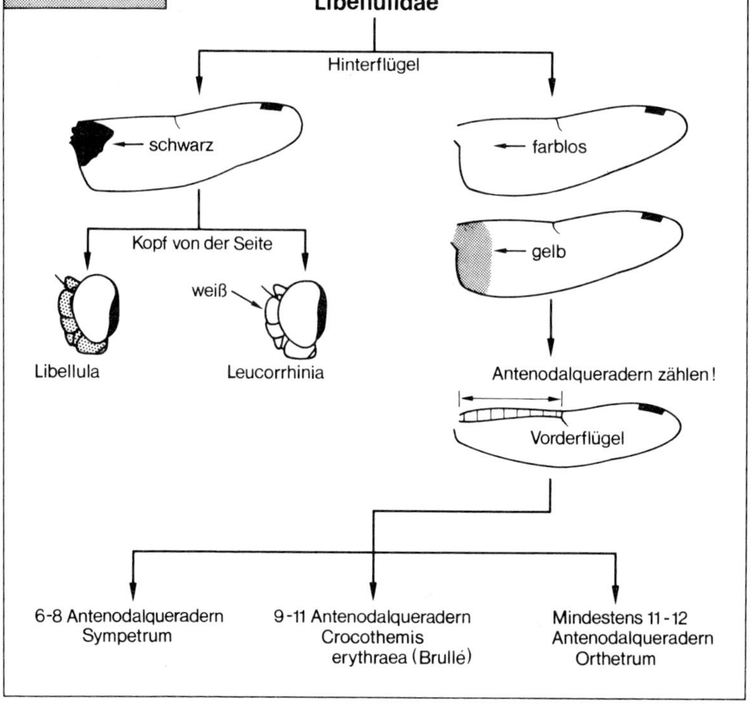

Libellenlarven

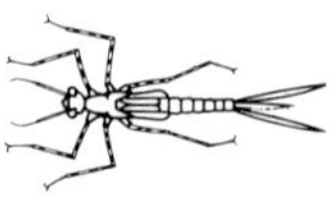

Larve einer Prachtlibelle

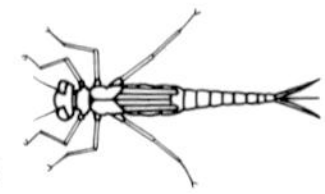

Larve einer Schlanklibelle

1. Gebänderte Prachtlibelle, *Calopteryx splendens* (Harris)
Familie: Prachtlibellen, *Calopterygidae*
Die Larven der Prachtlibellen sind schlanke, langbeinige Geschöpfe. An ihrem Hinterende tragen sie drei reich von Tracheen durchzogene Ruderblättchen, die sie beim Schwimmen unterstützen und als Kiemen wirken. Außerdem atmen sie durch den Enddarm, der bei Pracht- und Großlibellen unzählige Kiemenblättchen trägt, bei den übrigen Kleinlibellen stark durchblutete Wülste. Ein voll entwickeltes, luftgefülltes Tracheensystem durchzieht den Körper und mündet in Stigmen an der Körperoberfläche. Die Unterlippe der beißenden Mundwerkzeuge ist zu einer „Fangmaske" umgebildet, die aus einem zweigliedrigen Stiel und einer Greifzange am Ende besteht. Durch einen hydraulischen Mechanismus wird sie vorgeschnellt, ergreift die Beute und führt sie zum Munde hin. (Vgl. die Zeichnung bei Nr. 13). Die Larven der Prachtlibellen verbergen sich tagsüber unter Blättern oder Steinen. Nachts laufen sie langsam auf dem Grunde ihres Wohngewässers umher und strecken dabei die Fühler weit vor. Orten sie damit eine Beute, dann pirschen sie sich an, ergreifen sie mit der Fangmaske und verzehren sie. Zur Entwicklung benötigen sie meist zwei Jahre.

2. Großes Granatauge, *Erythromma najas* (Hansemann)
Familie: Schlanklibellen, *Coenagrionidae*
Fühler und Beine der Schlanklibellenlarven sind kürzer als die der Prachtlibellen. Man findet sie meist fest angeklammert zwischen Pflanzen und Laub. Nach der Form der Ruderblättchen kann man Kleinlibellenlarven bestimmen.

3. Große Königslibelle, *Anax imperator* Leach
Familie: Edellibellen, *Aeshnidae*
Die Larven der Edellibellen sind große Tiere mit spindelförmigem Hinterleib. Am Körperende tragen sie drei kräftige Stacheln, zwischen denen zwei kürzere „Cerci" stehen. In der Ruhe wird diese „Analpyramide" weit gespreizt, da die Tiere mit ihrem tonnenförmig erweiterten Enddarm atmen. Regelmäßige Pumpbewegungen erneuern darin ständig das Wasser. Bei Gefahr wird es plötzlich ausgepreßt, mit Hilfe des Rückstoßes schwimmt die Larve davon. Erwachsene Edellibellenlarven entdecken ihre Beute hauptsächlich mit ihren großen Netzaugen, in der Nähe gebrauchen sie auch ihre Fühler. Ihr Jagdrevier sind untergetauchte Pflanzen. Sie überwintern ein- oder zweimal.

4. Plattbauch, *Libellula depressa* Linné
Familie: Segellibellen, *Libellulidae*
Die Larven der Segel- und der Falkenlibellen (*Corduliidae*) sind ausgesprochene Bodentiere, die bei warmem Wetter recht beweglich sind und offensichtlich weit umherwandern oder -schwimmen. Gelegentlich graben sie sich auch in den Bodenschlamm ein, sie sind immer von Schlammteilchen bedeckt. Ihr Gesichtssinn ist viel schlechter entwickelt als der der Edellibellen, sie entdecken ihre Beute auch mit Hilfe der Fühler und der Sinneshaare an ihren Vorderbeinen. Zur Entwicklung brauchen sie in der Regel zwei Jahre, dabei durchlaufen sie 13 Stadien. Vergleiche auch: Nr. 9, 10.

Eine Kleinlibelle schlüpft

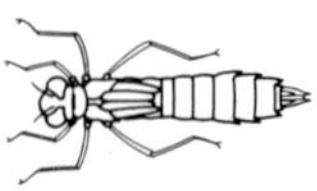

Larve einer Edellibelle

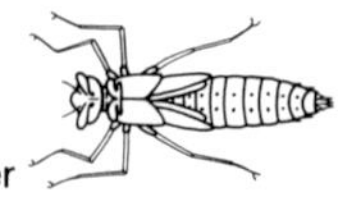

Larve einer Quelljungfer

5 – 8. Große Pechlibelle, *Ischnura elegans* (Van der Linden), Weibchen
Familie: Schlanklibellen, *Coenagrionidae*
Flugzeit: Anfang Mai bis September
Die Metamorphose der Libellenlarve, ihre Verwandlung in das fertige Insekt, geht dem eigentlichen Schlüpfvorgang voraus. Sie ist an einer Reihe äußerlicher Veränderungen zu erkennen: Die Netzaugen beginnen sich auszudehnen, vor allem bei den Großlibellen nehmen sie zuletzt fast die ganze Oberseite des Kopfes ein. Auch die Unterlippe schrumpft innerhalb der Fangmaske, so daß die Larve zuletzt nicht mehr fressen kann. Weiterhin schwimmen die Tiere öfter, als hätten sie Schwierigkeiten, ihre Beine zu gebrauchen, in denen inzwischen jene der Libelle stecken. Die Anlage der Flügel dauert länger, sie nimmt mehrere Häutungen in Anspruch. Kurz vor dem Schlüpfen erscheinen die zuvor flachen Flügelscheiden wurstförmig aufgetrieben. Manche Arten klettern in den letzten Tagen ihres Lebens als Larve an Pflanzen empor, bis Kopf und Brust aus dem Wasser ragen, und atmen Luft. Unmittelbar vor dem Schlüpfen verlassen sie das Wasser auf der Suche nach einer geeigneten Stelle für die eigentliche Umwandlung.

5. Etwa um elf Uhr vormittags ist die Larve der Großen Pechlibelle an einem dürren Zweig hochgeklettert. Sie hat ihre Fußklauen sorgfältig verankert, ihre Haut ist getrocknet. Nun beginnt die Brust anzuschwellen. Um 11.45 Uhr zeigt sich zwischen den Flügelscheiden ein Riß; Kopf, Brust und die stark gefalteten Flügel der fertigen Libelle erscheinen.

6. Nach etwa fünf Minuten ist der Vorderkörper des Tieres frei; kurze Zeit verharrt es mit angezogenen Beinen, dann greift es nach der Larvenhaut und zieht den Hinterleib heraus.

7. Etwa um zwölf Uhr beginnt das Tier, Flüssigkeit in die Flügeladern zu pressen. Die Flügel strecken und entfalten sich zusehends. Anfangs sind sie milchig trübe, doch allmählich werden sie durchsichtig und bekommen jenen eigenartigen, kräftigen Glanz, der frisch geschlüpfte Libellen auszeichnet. Wenn dieser Vorgang beendet ist, wird die Flüssigkeit in den Hinterleib gepreßt. Dieser, zunächst noch kürzer als die Flügel, beginnt sich nun ebenfalls zu verlängern. Schließlich wird das überschüssige Wasser tropfenweise durch den After ausgeschieden.

8. Um vierzehn Uhr ist die Libelle, die bisher völlig hilflos war, flugbereit und tritt bei der geringsten Störung ihren „Jungfernflug“ an. Allmählich, von vorne nach hinten fortschreitend, erscheinen auf dem bleichen Körper die schwarzen Zeichnungen. Ihre endgültige Färbung (vgl. Nr. 44, 81) und ihre Geschlechtsreife erhält die Libelle erst im Laufe einiger Tage oder Wochen. Während des Schlüpfens kann das Tier nicht fliehen und ist leicht zu verletzen. Wohl um während dieser Zeit ihren Feinden zu entgehen, schlüpfen die Libellen frühmorgens, manche Arten wie die Große Königslibelle (Nr. 12, 95) auch nachts. Dennoch fallen viele von ihnen hungrigen Räubern wie Vögeln, Eidechsen und Ameisen, aber auch heftigem Wind und Temperaturstürzen zum Opfer.

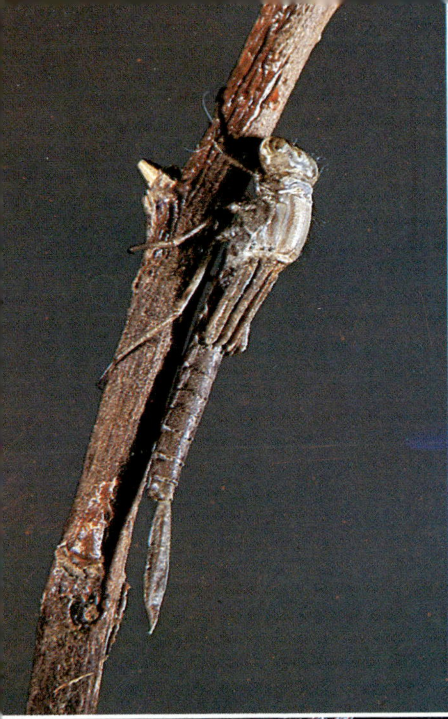

9, 10. Westliche Keiljungfer, *Gomphus pulchellus* Selys, Weibchen
Familie: Flußjungfern, *Gomphidae*
Flugzeit: Mai bis Juli
Die Flußjungfern, eine der größten Libellenfamilien, sind in Europa nur mit wenigen Arten vertreten. Ihre Augen sind auf dem Scheitel weit getrennt, bei allen anderen einheimischen Großlibellen berühren sie sich zumindest in einem Punkte. Daran sowie an ihrer schwarz-grünen oder schwarz-gelben Zeichnung sind sie leicht zu erkennen (vgl. Nr. 69 – 72, 97). Auch ihr Verhalten beim Schlüpfen stellt eine Ausnahme dar, sie strecken ihre Flügel in waagerechter oder schräg abwärts gerichteter Haltung. Die auffallend flachen Larven sind Bodenbewohner, die sich tagsüber auf dem Grund meist von fließenden Gewässern in den Sand oder Schlamm eingraben. Ihre Beine sind kräftig und zum Graben gut geeignet. Nachts verlassen sie ihre Verstecke und wandern umher. Zum Schlüpfen kommen sie ans Ufer. Manche klettern an Steinen oder Pflanzen empor, andere verlassen das Wasser nur so weit, daß die Oberseite ihrer Brust herausragt. Mit heftigen Pumpbewegungen bringen sie die Haut auf dem Rücken zum Platzen; die Libelle befreit Kopf, Brust, Flügelstummel und Beine. Mit aufgerichtetem Vorderkörper (9) verharrt sie etwa 10 Minuten; dann kippt sie vorneüber, die Beine klammern sich an der Larvenhaut fest, und das Tier zieht seinen Hinterleib aus der Hülle. Nun beginnt es mit dem Strecken der Flügel (10) und des Körpers. Schon nach einer halben Stunde tritt es seinen ersten Flug an.

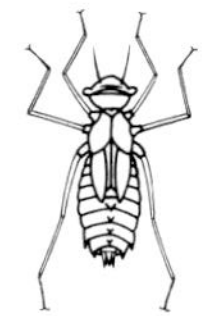
Larve einer Falkenlibelle

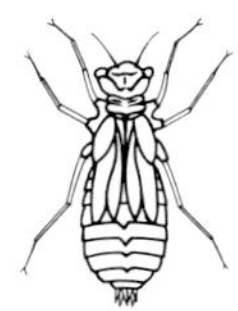
Larve einer Segellibelle

11. Kleines Granatauge, *Erythromma viridulum* (Charpentier), frisch geschlüpft mit Larvenhaut
Familie: Schlanklibellen, *Coenagrionidae*
Flugzeit: Juni bis September
Auch das Kleine Granatauge (vgl. Nr. 80) stellt unter seinesgleichen eine Ausnahme dar, weil es, ähnlich wie die Flußjungfern, seine Flügel in waagerechter Stellung streckt. Die Larven leben, wie die meisten Kleinlibellenlarven, in der Krautschicht stehender Gewässer. Zum Schlüpfen klettern sie nicht, wie es sonst die Regel ist, an Pflanzen empor; sie steigen auf die Oberfläche von Schwimmblättern und verwandeln sich hier. Abgesehen davon unterscheidet sich der Vorgang nicht vom Ausschlüpfen der Großen Pechlibelle (vgl. Nr. 5 – 8).

12. Große Königslibelle, *Anax imperator* Leach, schlüpfendes Weibchen
Familie: Edellibellen, *Aeshnidae*
Flugzeit: Mai bis September
Die meisten Großlibellen schlüpfen in den frühen Morgenstunden. Die Larve der Großen Königslibelle (vgl. Nr. 95) erklettert an warmen Abenden schon gegen 21 oder 22 Uhr einen Schilf- oder Seggenhalm, verankert ihre Fußkrallen und sprengt alsbald die Larvenhaut (s. Große Pechlibelle, Nr. 5 – 8). Nach der Befreiung des Vorderkörpers jedoch legen fast alle Großlibellen eine längere Ruhepause ein, während der sie mit ihrem Hinterleib noch in der Larvenhaut stecken. Der Vorderkörper hängt so weit hintenüber, daß man fürchtet, sie würden aus der Larvenhaut gleiten und herabfallen. Wenn der Morgen dämmert, sind die Tiere voll entwikkelt und fliegen davon.

Der Lebenslauf einer Segellibelle

Großer Blaupfeil, *Orthetrum cancellatum* (Linné)
Familie: Segellibellen, *Libellulidae*
Flugzeit: Mai bis August

13. Ein frisch geschlüpftes Weibchen des Großen Blaupfeils hat seinen „Jungfernflug“ beendet und ist im Gras gelandet. Vor etwa zwei Stunden erst hat es seine Larvenhaut gesprengt, sich daraus befreit und sodann Flügel und Körper gestreckt. Als jene so weit erhärtet waren, daß sie ihre Aufgabe erfüllen konnten, hat es seine erste Reise angetreten, von der es nun ausruht. Seine Augen sind trübe, die Flügel zeigen jenen eigenartigen, kräftigen Glanz, der frisch geschlüpfte Libellen auszeichnet. Der noch weiche Körper trägt zwei schwarze Längsbänder auf gelblichem Grund. Im Alter von wenigen Stunden gleichen sich beide Geschlechter völlig. Sie verbringen die erste Woche ihres Lebens ferne vom Wasser auf Waldwegen und Lichtungen, färben sich aus und werden geschlechtsreif.

14. Ein junges, geschlechtsreifes Männchen ist ans Wasser zurückgekehrt. Es hat sich sehr verändert: Seine Brust ist jetzt grünlich grau und trägt dunkle Zeichnungen, der Hinterleib ist mit einer bläulichen Wachsschicht überzogen, die bald alle Zeichnungen verdecken wird (vgl. Nr. 105). Am Fehlen von Kopulationsmarken erkennt man, daß das Tier sich noch nicht gepaart hat. Diese werden vom Weibchen verursacht, das sich bei der Paarung an den Hinterleib des Männchens klammert und dabei die Bereifung zerkratzt. Bild 103 zeigt diese Marken beim Spitzenfleck, Bild 104 ihre Entstehung.

Fangmaske einer Edellibellen-Larve

15. Ein voll ausgereiftes Weibchen sitzt auf einem dürren Stengel und sonnt sich. Der lebhafte Glanz, den seine Flügel in den ersten Stunden seines Lebens trugen, ist verschwunden. Die Körperzeichnung gleicht jener des frisch geschlüpften Tieres, die Farben sind jedoch viel klarer und kräftiger geworden. Von einer Blaubereifung, wie sie den Hinterleib des Männchens bedeckt, ist kaum etwas zu sehen. Nur am Hinterende und auf der Bauchseite zeigen sich geringfügige Spuren dieser Wachsausscheidung. Das Tier ist auf der Höhe seines Lebens angelangt; es verbringt viel Zeit am Wasser, paart sich immer wieder und legt Eier. Durch Markierungsversuche hat man festgestellt, daß die aktive Lebensphase einer Großlibelle drei bis vier Wochen dauert.

16. Ein uraltes Weibchen hat sich auf dürrem Schilf niedergelassen. Es ist längst „jenseits von Gut und Böse“, hat die Reproduktionsphase hinter sich gebracht und lebt nun seinem Ende entgegen. Noch haben seine Vorsicht und Schnelligkeit kaum gelitten; es jagt und frißt, zwischendurch sonnt es sich gerne. Seine einst so leuchtenden Farben sind verschwunden und haben einem Schwarzbraun Platz gemacht. Als Folge einer Störung des Hormongleichgewichtes hat sich auf seinem Hinterleib eine Blaubereifung eingestellt, die freilich nie so kräftig wird wie beim Männchen. So mag das Tier noch zwei oder drei Wochen lang leben. Allmählich lassen seine Kräfte nach, es jagt seltener, und seine Ruhepausen werden immer länger. Schließlich geht es an Entkräftung zugrunde. Freilich haben nur wenige Libellen das Glück, ein so hohes Alter zu erreichen; meist fallen sie schon vorher einem Unfall oder einem Räuber zum Opfer.

17. Frühe Adonislibelle, *Pyrrhosoma nymphula* (Sulzer), Männchen frißt eine Köcherfliege
Familie: Schlanklibellen, *Coenagrionidae*
Flugzeit: Mai bis August
Libellen fangen ihre Beute zumeist im Fluge, können sie jedoch auch von Blättern und vom Boden auflesen. Dabei werden sie von den riesigen Netzaugen unterstützt, die einen großen Teil ihres Kopfes einnehmen. Ihre Beine sind zum Laufen ungeeignet. Sie sind so eingelenkt, daß ein „Fangkorb“ entsteht, mit dessen Hilfe die Beute ergriffen und zu den Mundwerkzeugen gebracht wird. Großlibellen verzehren kleinere Tiere wie Mücken, Fliegen und dergleichen im Fluge; gelingt es ihnen, größere Beute zu machen, dann setzen sie sich zum Fressen ab.

18. Große Pechlibelle. *Ischnura elegans* (Van der Linden), Weibchen frißt Männchen derselben Art
Familie: Schlanklibellen, *Coenagrionidae*
Flugzeit: Mai bis September
Kannibalismus ist bei Libellen nicht allzu selten. Nur wenige Arten jedoch wagen sich an gleich große Opfer heran. Hier hat ein Weibchen der Großen Pechlibelle ein Männchen der gleichen Art angefallen und es bereits weitgehend verzehrt. Über einen besonders interessanten Fall, der die gleiche Art betrifft, wurde in der Literatur berichtet: Während ein Weibchen mit dem Verspeisen eines Männchens beschäftigt war, verpaarte sich ein anderes Männchen mit ihm, ohne daß es sich bei seiner Mahlzeit stören ließ. Eine Kleinlibelle benötigt etwa eine Stunde, um ihresgleichen zu verzehren.

Mundteile einer Kleinlibelle

19. Großer Blaupfeil, *Orthetrum cancellatum* (Linné), Weibchen frißt eine Feuerlibelle (Nr. 26)
Familie: Segellibellen, *Libellulidae*
Flugzeit: Mai bis August
Die Aufnahme entstand in der Camargue (Südfrankreich), als der Mistral wehte. Diesem starken, kalten Nordwind konnten nur große Libellen trotzen, die kleineren versammelten sich im Windschatten der Tamariskenbüsche und sonnten sich. Vermutlich mangelte es an kleinen Insekten, so daß der Hunger das Tier zwang, sich größerer Beute zu bemächtigen und eine der vielen Feuerlibellen zu greifen. Normalerweise begnügen sich die Blaupfeile mit kleineren Bissen, vor allem die in der Camargue so zahlreichen Stechmücken dienen ihnen als Nahrung.

20. Kleine Königslibelle, *Anax parthenope* (Selys), Männchen frißt eine Feuerlibelle in der Hand des Fotografen
Familie: Edellibellen, *Aeshnidae*
Flugzeit: Mai bis September
Die Kleine Königslibelle ist eine der gefräßigsten Arten; dieses große Tier (es spannt gut 10 cm) fällt gelegentlich sogar seinesgleichen an. Hier ließ sich ein Männchen, sonst eine der scheuesten Libellen, beim Fressen einer Feuerlibelle mit der Hand greifen, auf den Rücken drehen und fotografieren, ohne sein Mahl zu unterbrechen (vgl. auch Nr. 96). In Südeuropa kann man oft Schwärme großer Libellen beobachten, die abends auf die zahllosen Mücken Jagd machen. Die Tiere fliegen noch, wenn es so dunkel ist, daß man sie nur gegen den Himmel erkennen kann. Bei uns sieht man nur selten Libellen in der Dämmerung jagen, wahrscheinlich sind die Abende meist zu kühl dafür.

21. Glänzende Smaragdlibelle, *Somatochlora metallica* (Van der Linden), Männchen beim Rüttelflug
Familie: Falkenlibellen, *Corduliidae*
Flugzeit: Juni bis September
Die Flügel der Libellen arbeiten unabhängig voneinander, da ihre Bewegungsmuskeln, anders als bei den meisten Insekten, unmittelbar an den Flügelwurzeln angreifen. Die Steuerung und Abstimmung jeder Bewegungsphase erfolgt im Gehirn. Die Nerven leiten die zahllosen Impulse zu den Muskeln. Das geht nicht ohne Zeitverlust, so daß der Flügelschlag der Libellen verhältnismäßig langsam ist (etwa dreißig Schläge je Sekunde). Diese Frequenz nimmt unser Ohr nicht als Ton wahr, deshalb hören wir vom Libellenflug allenfalls ein Knistern. Meist sind die Schlagphasen beider Flügelpaare mehr oder weniger stark gegeneinander verschoben. Dadurch entsteht an der Brust ein Kippmoment, das durch den langen Hinterleib ausgeglichen wird.

22. Weidenjungfer, *Chalcolestes viridis* (Van der Linden), zwei fliegende Paarungsketten
Familie: Teichjungfern, *Lestidae*
Flugzeit: August bis Oktober
Kleinlibellen sind keine so hervorragenden Flieger wie die Großlibellen. Während letztere die Phasenverschiebung im Schlag der beiden Flügelpaare in weiten Grenzen verändern können, sind Kleinlibellen dazu kaum in der Lage. Wohl bei den meisten Arten arbeiten die Flügel im Gegentakt, wie es die Flügelstellung der beiden fliegenden Tandems zeigt.

23. Nordische Moosjungfer, *Leucorrhinia rubicunda* (Linné), Männchen beim Gleitflug
Familie: Segellibellen, *Libellulidae*
Flugzeit: Mai bis Juni
Der Gleitflug benötigt keine Energie, ist allerdings mit einem ständigen Höhenverlust verbunden. Dieser wird entweder durch Segeln ausgeglichen, also durch Ausnützen von Aufwinden, oder das Dahingleiten wechselt mit aktivem Fluge ab, wobei das Tier wieder an Höhe gewinnt. Manche Großlibellen, etwa die Braune Mosaikjungfer (Nr. 89) und viele Wanderlibellen (Nr. 25 – 28) sind wahre Meister des Segelfluges und machen davon ausgiebig Gebrauch (vgl. auch 120).

24. Schwarze Heidelibelle, *Sympetrum danae* (Sulzer), fliegendes Paarungsrad
Familie: Segellibellen, *Libellulidae*
Flugzeit: Juli bis September
Selbst während der Paarung können die meisten Libellen fliegen. Nur die Prachtlibellen (Nr. 57 – 59) öffnen nach dem Abflug jedesmal das Paarungsrad und bilden es nach der Landung von neuem. Viele Edel-, Falken- und Kurzlibellen vollziehen die Sperma-Auffüllung (vgl. Nr. 33) im Fluge, die Paarungsräder von Segellibellen fliegen längere Zeit umher, bevor sie sich setzen. Vierfleck (Nr. 101) und Plattbauch (Nr. 102) paaren sich im Fluge. Unsere Aufnahme eines fliegenden Paarungsrades der Schwarzen Heidelibelle läßt die Flügelstellung beider Tiere gut erkennen. Der linke Vorderflügel des Männchens ist von der Kante her zu sehen, er schlägt auf-, der Hinterflügel, auf dessen Fläche wir blicken, abwärts. Das Weibchen klammert sich mit seinen Beinen am Hinterleib des Männchens fest. Es hat seine Flügel etwas angehoben und läßt sich schleppen.

25. Vierfleck, *Libellula quadrimaculata* Linné, Männchen
Familie: Segellibellen, *Libellulidae*
Flugzeit: Mai bis August
Einige Libellenarten bilden Schwärme, die aus vielen Millionen von Einzeltieren bestehen und die man Hunderte von Kilometern weit verfolgt hat. Zu ihnen gehört der Vierfleck, über dessen Wanderzüge zahlreiche Veröffentlichungen geschrieben wurden. Neueren Untersuchungen zufolge soll dieses Ereignis etwa alle zehn Jahre wiederkehren. Ein Wechselspiel mit einem parasitischen Wurm soll dann zu Massenvermehrungen führen. Besondere Wetterbedingungen, etwa ein plötzlicher Temperaturanstieg nach einem kalten Frühjahr, veranlassen die voll entwickelten Larven, gleichzeitig zu schlüpfen. Das plötzliche Auftreten sehr vieler Libellen zu gleicher Zeit soll die Wanderflüge auslösen.

26. Feuerlibelle, *Crocothemis erythraea* (Brullé), Männchen
Familie: Segellibellen, *Libellulidae*
Flugzeit: Mai bis August
Diese schöne Libelle ist in den Mittelmeerländern, in Asien und Afrika weit verbreitet; in geeigneten Klimaten fliegt sie das ganze Jahr hindurch an stehenden Gewässern aller Art. Öfter wandert sie auch bei uns ein, etwa in dem heißen Sommer 1976, als diese Aufnahme bei Karlsruhe entstand. Die Bilder Nr. 19 und 20 zeigen die Jugendfärbung dieser Art.

Andere Wanderlibellen: 31, 76, 76 a, 92, 106, 108 a.

27. Schabrackenlibelle, *Hemianax ephippiger* (Burmeister), unausgefärbtes Männchen
Familie: Edellibellen, *Aeshnidae*
Die Heimat dieser großen Libelle ist Afrika, sie scheint aber auch in Südeuropa stellenweise Fuß gefaßt zu haben. Dafür sprechen Funde frisch geschlüpfter Tiere in der Camargue (Südfrankreich); ob sie da inzwischen durch die Mückenbekämpfung ausgerottet worden ist? Einzeltiere hat man in ganz Europa festgestellt. Wahrscheinlich nützen wandernde Libellen Luftströmungen aus. Leider weiß man darüber viel weniger als über Schmetterlingswanderungen.

28. Wanderlibelle, *Pantala flavescens* (Fabricius), Männchen
Familie: Segellibellen, *Libellulidae*
Ausnahmsweise sei an dieser Stelle eine tropische Libellenart vorgestellt, die fast in der ganzen Welt vorkommt. In jedem Jahr wandert sie von den warmen Zonen aus weit nach Norden und Süden. Man hat sie in Kanada gefangen und in Nordjapan, man hat sie auf Schiffen gesehen, Hunderte von Kilometern entfernt vom Lande. Seltsamerweise scheint sie nicht nach Europa vorzudringen, nicht einmal in den Mittelmeerländern hat man sie gefunden. In den Tropen und Subtropen treffen ihre Schwärme stets zugleich mit der „Tropischen Konvergenzzone“ ein. Die Hinterflügel der Wanderlibelle sind auffallend verbreitert und machen sie zu einem hervorragenden Segelflieger. Ihr natürlicher Lebensraum sind Gewässer, die rasch austrocknen. Deshalb ist ihre Entwicklungsdauer eine der kürzesten unter den Großlibellen. So kann sie in einem Jahr mehrere Generationen vollenden. Ihr Eiablageverhalten scheint jenem der Blutroten Heidelibelle (Nr. 53 – 56) zu gleichen.

Libellen sonnen sich

29. Alpen-Mosaikjungfer, *Aeshna coerulea* (Ström), Männchen
Familie: Edellibellen, *Aeshnidae*
Flugzeit: Juli, August
Die Libellen sind wechselwarme Tiere. Deshalb müssen sie ihre Körpertemperatur durch ihr Verhalten regeln. In den kühlen Morgenstunden setzen sie sich gerne auf helle Unterlagen und bieten ihren Körper den wärmenden Sonnenstrahlen dar. Besonders gut kann man das bei vielen Hochgebirgsarten wie der Alpen-Mosaikjungfer (Nr. 117) beobachten. Auch in den späten Nachmittagsstunden sonnen sich viele Arten. Wird es ihnen jedoch zu warm, dann heben sie beim Sitzen ihren Hinterleib hoch und richten ihn gegen die Sonne (vgl. die Zeichnung, sowie Nr. 71). Einzelne Arten, etwa die Große Königslibelle (Nr. 95), können auch ihre Farbe wechseln. Durch Verlagerung dunkler Körnchen in die Hautzellen wird das leuchtende Blau ihres Hinterleibes in der Kälte zu einem schmutzigen Graugrün.

30. Große Moosjungfer, *Leucorrhinia pectoralis* (Charpentier), Männchen
Familie: Segellibellen, *Libellulidae*
Flugzeit: Mai bis Juli
Die Große Moosjungfer zählt zu den seltenen Libellenarten. Man begegnet ihr nicht allzuoft an Torfstichen und anderen stehenden Gewässern, an dem leuchtend gelben Fleck auf dem sonst dunklen Körper ist sie leicht zu erkennen. Sie setzt sich gerne auf die weißen Fruchtstände des Wollgrases, die die Wärmestrahlung der Sonne zurückwerfen und mithelfen, ihren Leib zu erwärmen.

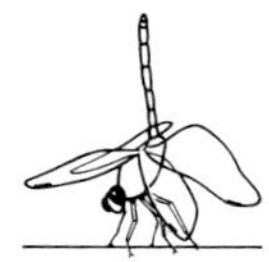

Libellen heben den Hinterleib in Richtung Sonne

Feinde der Libellen

31. Frühe Heidelibelle, *Sympetrum fonscolombei* (Selys), Männchen mit Larven von Wassermilben, *Arrenurus (A.) papillator* (Müller)
Familie: Segellibellen, *Libellulidae*
Flugzeit: Mai bis Juni, im Süden auch August
Dieses leuchtend rote Tier mit gelblichen Flügelmalen ist in Südeuropa und Afrika zuhause, bei uns wandert es öfter ein. Man trifft es im Frühjahr an Teichen und Seen an (Eiablage: Nr. 53). Die roten Kugeln an den Flügeladern sind Larven einer Wassermilbe mit sehr komplizierter Entwicklung: Aus dem Ei schlüpft eine sechsbeinige Larve, die sich an eine geeignete Libellenlarve klammert. Wenn die Libelle schlüpft, wechselt sie über, durchsticht die noch weiche Haut und saugt sich fest. Bei Großlibellen sitzen die Milbenlarven zumeist an den Hauptadern der Flügel, bei Kleinlibellen am Körper (vgl. Nr. 83). Die reifen Larven fallen ins Wasser und verpuppen sich. Es schlüpft die achtbeinige Nymphe, die von kleinen Wassertieren lebt. Sie verpuppt sich ebenfalls, und zuletzt schlüpfen die Milben, reifen aus, paaren sich und legen Eier.

32. Kleine Königslibelle, *Anax parthenope* (Selys), im Netz der Zebraspinne *Argyope bruennichi* (Scopoli)
Familie: Edellibellen, *Aeshnidae*
Flugzeit: Mai bis September
Viele Libellen fallen Spinnen zum Opfer, die ihre Netze in Wassernähe bauen. Vor allem kleinere Arten enden in den Netzen von Kreuzspinnen (*Araneus cornutus* Clerck, *sclopetarius* Clerck, *quadratus* Clerck) und Streckerspinnen *(Tetragnatha)*. Weitere Libellenfeinde sind Vögel, Frösche und – die Libellen selbst (vgl. Nr. 18 – 20).

Die Paarung

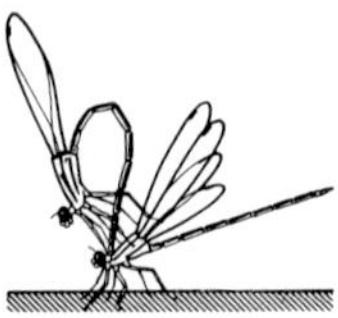

Aufreiten

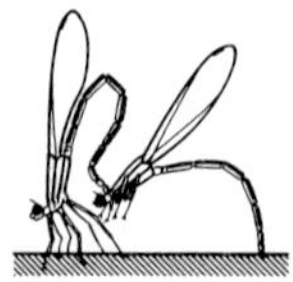

Sperma-Auffüllung

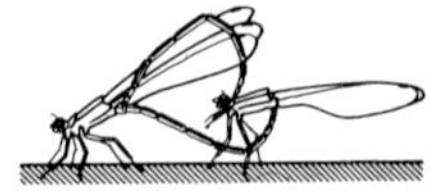

Paarungsrad

33. Weidenjungfer, *Chalcolestes viridis* (Van der Linden), Sperma-Auffüllung
Familie: Teichjungfern, *Lestidae*
Flugzeit: Juli bis Oktober
Die Keimdrüsen der Libellenmännchen münden auf der Bauchseite des neunten Hinterleibsringes, das Begattungsorgan dagegen befindet sich auf der Bauchseite des zweiten und dritten Ringes. Es besteht aus einer Samenblase, einem in seiner Wirkungsweise dem Penis entsprechenden Gebilde und einigen Klammerorganen, die während der Paarung den weiblichen Legeapparat festhalten. Da keine innere Verbindung zu den Hoden besteht, muß die Samenblase vermutlich vor jeder Paarung mit Sperma gefüllt werden. Dazu bringt das Männchen unter starkem Emporkrümmen des Hinterleibes den neunten Ring mit der Samenblase in Verbindung, und zwar zumeist wohl erst nach Ergreifen des Weibchens. Die Weidenjungfer fliegt an stehenden Gewässern aller Art (Eiablage: Nr. 43).

34. Späte Adonislibelle, *Ceriagrion tenellum* (De Villers), Paarungsrad
Familie: Schlanklibellen, *Coenagrionidae*
Flugzeit: Juni bis August
Das im Kerbtierreich einzigartige „Paarungsrad" der Libellen kommt folgendermaßen zustande: Das Männchen landet auf der Brust des Weibchens, klammert sich mit den Beinen fest und verankert seine „Appendices" (Greifzangen am Hinterleibsende) an der Vorderbrust (Kleinlibellen) oder am Kopfe (Großlibellen) der Partnerin. Sodann überträgt es Sperma auf seine Samenblase. Zuletzt hebt das Männchen sein Weibchen an, dieses krümmt seinen Hinterleib vorwärts und vollzieht die Vereinigung der Begattungsorgane. Die Späte Adonislibelle ist im Mittelmeergebiet zuhause. Bei uns kommt sie nur selten an Gräben und in Mooren vor.

35. Keilflecklibelle, *Aeshna isosceles* (Müller), Paarungsrad
Familie: Edellibellen, *Aeshnidae*
Flugzeit: Mai bis Juni
Die Paarungsräder der großen Edellibellen sind sehr eindrucksvoll. Ungestüm fliegen sie umher, bevor sie sich auf einer Pflanze oder, häufiger noch, hoch in den Baumwipfeln niederlassen.

36. Große Heidelibelle, *Sympetrum striolatum* (Charpentier), Paarungsrad
Familie: Segellibellen, *Libellulidae*
Flugzeit: Juli bis Oktober
Bei dieser Familie geht die Entwicklung dahin, die Paarung abzukürzen und sie ganz oder teilweise im Fluge zu vollziehen. Die Heidelibellen füllen die Samenblase im Fluge und paaren sich etwa zehn Minuten lang im Sitzen, die Feuerlibelle (Nr. 26) benötigt etwa eine Minute und setzt sich nur für Sekunden auf den Boden. Vierfleck (Nr. 101) und Plattbauch (Nr. 102) paaren sich im Fluge und benötigen dazu etwa eine halbe Minute (Eiablage: Nr. 53).

Paarungs-Irrtümer

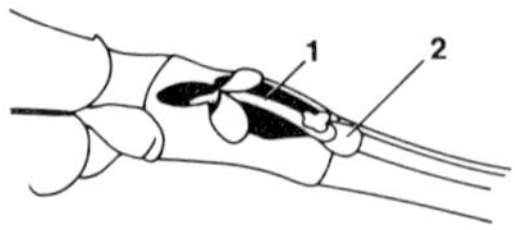

1 Sperma-Übertragungsorgan
2 Samenblase

Begattungsorgan eines Kleinlibellen-Männchens

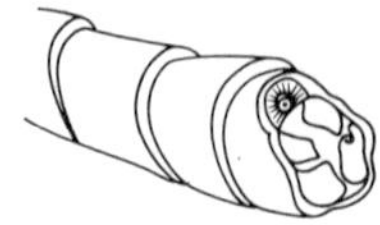

Klammern (Appendices) eines Kleinlibellen-Männchens

37. Blutrote Heidelibelle, *Sympetrum sanguineum* (Müller), Männchen, und **Gefleckte Heidelibelle,** *Sympetrum flaveolum* (Linné), Weibchen, nach einem vergeblichen Paarungsversuch
Familie: Segellibellen, *Libellulidae*
Die Partner erkennen sich an der Körperform, -farbe und -größe, bei vielen Arten spielt auch das Verhalten eine Rolle als Paarungs-Auslöser. Oft jedoch kommt es zu Fehlleistungen: Männchen überfallen Weibchen anderer Arten und versuchen, sich mit ihnen zu paaren. Jedoch sind die Klammerorgane an ihrem Hinterleibsende von Art zu Art so verschieden, daß man Libellenmännchen danach bestimmen kann. Die Weibchen tragen an den Berührungsstellen Tastborsten, die sie darüber unterrichten, ob der Partner der eigenen Art angehört. Anderenfalls verhalten sie sich völlig passiv, und es kommt nicht zur Paarung. Werden dennoch Versuche zur Radbildung unternommen, dann bilden die ebenfalls artspezifisch verschiedenen Kopulationsorgane eine weitere Sperre. Das war bei den Tieren auf unserem Bild der Fall: Nach etlichen Versuchen, das Rad zu bilden, trennten sie sich und setzten sich auf den Boden.

38. Gemeine Binsenjungfer, *Lestes sponsa* (Hansemann), Männchen, und **Gemeine Winterlibelle,** *Sympecma fusca* (Van der Linden), Männchen, in „Paarungs"-Kette
Familie: Teichjungfern, *Lestidae*
Das obere Tier dieses Tandems ist ein Männchen der Gemeinen Binsenjungfer, das untere eines der Gemeinen Winterlibelle, das noch nicht überwintert hat und deshalb sein Jugendkleid trägt (vgl. Nr. 73). Ketten aus zwei, gelegentlich auch aus drei Männchen der gleichen oder verschiedener Arten sind kein seltener Anblick.

39. Blutrote Heidelibelle, *Sympetrum sanguineum* (Müller), Männchen, und **Große Heidelibelle,** *Sympetrum striolatum* (Charpentier), Weibchen, bei der Paarung
Familie: Segellibellen, *Libellulidae*
Daß Männchen und Weibchen dieses Rades verschiedenen Arten angehören, ist an den Beinen zu erkennen: Die des Männchens sind ganz schwarz, jene des Weibchens tragen einen gelben Längsstreif. Nur selten kommt es zu einer Paarung zwischen Partnern, die verschiedenen Arten angehören. Doch werden gerade bei den Heidelibellen immer wieder Bastarde gefunden.

40. Gemeine Binsenjungfer, *Lestes sponsa* (Hansemann) (Familie: Teichjungfern, *Lestidae),* Männchen, angekoppelt an einem Paarungsrad der **Großen Pechlibelle,** *Ischnura elegans* (Van der Linden) (Familie: Schlanklibellen, *Coenagrionidae*)
Gelegentlich ist der Paarungsdrang der Männchen so groß, daß sie sich sogar an Paarungsrädern verankern. Im Schrifttum wurde mehrfach über derartige „Dreigespanne" berichtet. In unserem Falle gehören die beteiligten Tiere sogar verschiedenen Familien an.

Die Eiablage der Kleinlibellen

41. Hufeisen-Azurjungfer, *Coenagrion puella* (Linné), Paarungskette und anfliegendes Männchen
Familie: Schlanklibellen, *Coenagrionidae*
Flugzeit: Mai bis August
Eierlegende Paarungsketten von Kleinlibellen unterbrechen öfter ihre Tätigkeit und sonnen sich auf Blättern. Dabei werden die Weibchen von einzelnen Männchen angeflogen, die sich zu paaren versuchen. Das Weibchen auf unserem Bild hebt so einem Männchen den Hinterleib entgegen und krümmt ihn wie zur Eiablage. Daraufhin ließ das Männchen ab und flog davon. Vielleicht bedeutet diese Bewegung: Ich bin nicht paarungsbereit! Ähnliches wurde von der Großen Königslibelle (Nr. 95) beschrieben. Bei anderen Schlanklibellen allerdings soll diese Bewegung eines einzelnen Weibchens Männchen anlocken.

42. Gemeine Winterlibelle, *Sympecma fusca* (Van der Linden), Eiablage
Familie: Teichjungfern, *Lestidae*
Flugzeit: Juli bis Mai
Wie bei den meisten Kleinlibellen, so bleiben auch bei der Winterlibelle Männchen und Weibchen während der Eiablage verbunden. Beide sitzen auf abgestorbenen, schwimmenden Pflanzenresten, in die das Weibchen seine Eier einsticht. Ist die Reichweite des Hinterleibes erschöpft, dann läuft das Paar einige Schritte vor oder zurück, und das Weibchen beginnt von neuem mit der Ablage. Nur ausnahmsweise kann man einzelne Weibchen beim Eierlegen beobachten. Diese Form der Eiablage, bei der beide Partner auf einer waagerechten Unterlage sitzen, wird als „*Sympecma*-Typ" bezeichnet.

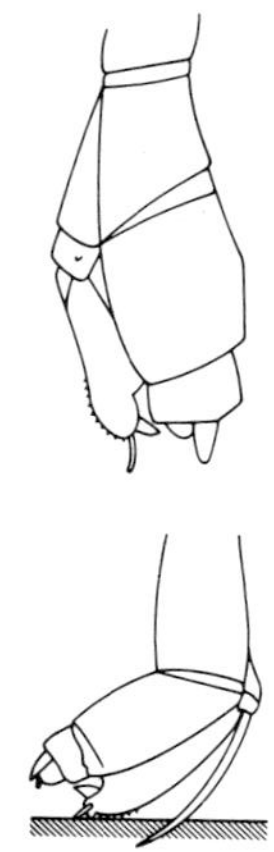

Legeapparat einer Teichjungfer

43. Weidenjungfer, *Chalcolestes viridis* (Van der Linden), Eiablage in Weidenzweig.
Familie: Teichjungfern, *Lestidae*
Flugzeit: Juli bis Oktober
Die Weidenjungfer sticht ihre Eier in die Zweige von Bäumen und Sträuchern ein, die übers Wasser hängen. Dabei ist sie nicht wählerisch, es wurden lange Listen von geeigneten Planzenarten veröffentlicht. Beide Partner sitzen auf dem Ästchen; diese Form der Eiablage wird als „*Lestes*-Typ" bezeichnet. Am späten Nachmittag kann man einzelne Weibchen bei der Eiablage beobachten. Die Eier überwintern in der Rinde, an den Einstichstellen bilden sich oft kleine gallenartige Wucherungen. Im Frühjahr schlüpfen die Prolarven und lassen sich fallen. Gelangen sie aufs Wasser, dann häuten sie sich zur Larve und durchstoßen die Oberfläche. Fallen sie jedoch aufs Ufer, dann versuchen sie springend das Wasser zu erreichen.

44. Große Pechlibelle, *Ischnura elegans* (Van der Linden), Eiablage
Familie: Schlanklibellen, *Coenagrionidae*
Flugzeit: Mai bis September
Soweit bekannt, legen die meisten Arten dieser weltweit verbreiteten, großen Gattung ihre Eier ohne Begleitung durch das Männchen. Dank ihrer düsteren Farbe sind die kleinen Tiere während der Eiablage kaum zu entdecken.

Vergleiche weiterhin:
75. Glänzende Binsenjungfer, *Lestes dryas* Kirby, Eiablage nach dem *Lestes*-Typ
84. Hufeisen-Azurjungfer, *Coenagrion puella* (Linné), Eiablage nach dem *Coenagrion*-Typ

Die Eiablage der Kleinlibellen

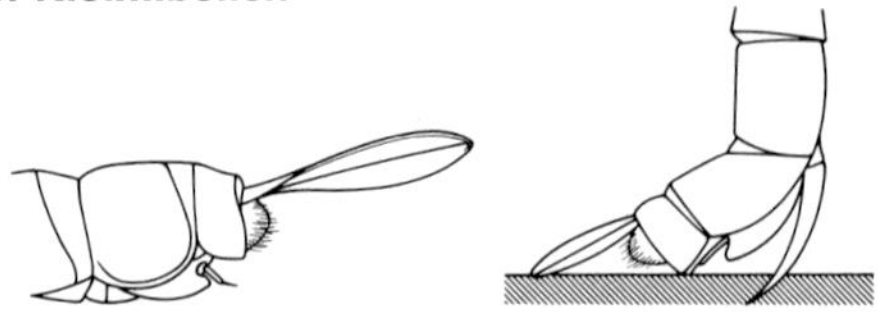

Legeapparat einer Edellibelle

45. Helm-Azurjungfer, *Coenagrion mercuriale* (Charpentier), Eiablage
Familie: Schlanklibellen, *Coenagrionidae*
Flugzeit: Mai bis August
Einige Kleinlibellen gehen zur Eiablage teilweise oder ganz unter Wasser. Die Paare landen auf einem Pflanzenstengel und beginnen zunächst über Wasser mit dem Einstechen der Eier. Langsam gehen sie dabei rückwärts, bis beide unter der Oberfläche verschwinden. Sie sind von einer dünnen, silbrig glänzenden Luftschicht umgeben, die ihnen das Atmen ermöglicht. Meist steigen die Männchen schon nach kurzer Zeit zur Oberfläche empor, während die Weibchen allein mit der Ablage fortfahren. Bei einigen Arten hat man beobachtet, daß die Männchen in der Nähe bleiben und auf die Weibchen warten. Sobald diese aufschwimmen, werden sie von den Männchen ergriffen und zu einem neuen Ablageplatz gebracht. Interessanterweise scheinen solche Tiere nie Paarungsversuche zu machen (Nr. 79).

46. Frühe Adonislibelle, *Pyrrhosoma nymphula* (Sulzer), Eiablage
Familie: Schlanklibellen, *Coenagrionidae*
Flugzeit: Mai bis August
Bei vielen Kleinlibellen steht das Männchen senkrecht auf dem Nacken des eierlegenden Weibchens. Wenn es keine Möglichkeit hat, sich anzuklammern, hält es sich völlig frei und schwirrt ab und zu mit den Flügeln, um das Gleichgewicht zu halten. Diese Form der Eiablage bezeichnet man als den „*Coenagrion*-Typ". Bei starkem Wind geht er in den „*Sympecma*-Typ" über, das Männchen setzt sich ebenfalls auf das Ablagesubstrat (Nr. 42).

Die Eiablage der Großlibellen

47. Braune Mosaikjungfer, *Aeshna grandis* (Linné), Eiablage
Familie: Edellibellen, *Aeshnidae*
Flugzeit: Juli bis September
Die Edellibellen sind die ursprünglichsten unter den Großlibellen. Sie weichen von allen übrigen Familien in mancherlei Hinsicht ab. Unter anderem haben sie als einzige die Eiablageform der Kleinlibellen beibehalten, sie stechen ihre Eier meist in Pflanzengewebe ein. Dabei sind sie in der Regel nicht wählerisch; ein schwimmender Ast, ein alter Pfosten werden genauso gerne angenommen wie ein Pflanzenstengel oder der Boden am Ufer (vgl. aber Nr. 93, 116!).

48. Kleine Königslibelle, *Anax parthenope* (Selys), Eiablage
Familie: Edellibellen, *Aeshnidae*
Flugzeit: Mai bis September
Bei fast allen Edellibellen trennen sich die Partner nach der Paarung, nur bei der Kleinen Königslibelle und der Südlichen Mosaikjungfer (Nr. 92) bleiben sie auch während der Eiablage miteinander verbunden. Nach einiger Zeit trennen sie sich, und das Weibchen fährt sodann allein mit dem Eierlegen fort.

Die Eiablage der Großlibellen

49. Blaugrüne Mosaikjungfer, *Aeshna cyanea* (Müller), Eiablage
Familie: Edellibellen, *Aeshnidae*
Flugzeit: Juli bis Oktober
Oft legen die Weibchen der Großlibellen ihre Eier im Verborgenen ab, auch bevorzugen sie Tageszeiten, zu denen die Männchen nicht allzu paarungsbereit sind. Die Blaugrüne Mosaikjungfer sticht ihre Eier zumeist in feuchten Boden am Ufer stehender Gewässer ein. Wird sie gestört, dann fliegt sie langsam auf und versucht, möglichst unauffällig zu verschwinden. Bei anderen Edellibellen dagegen, etwa der Braunen (Nr. 47, 89), der Grünen Mosaikjungfer (Nr. 93) und der Großen Königslibelle (Nr. 95), bleiben eierlegende Weibchen zumeist unbeachtet. Weibchen der letzteren zeigen im Fluge mangelnde Paarungsbereitschaft durch Krümmen des Hinterleibes an.

50. Zweifleck, *Epitheca bimaculata* (Charpentier), Weibchen beim Auspressen eines Eiklumpens
Familie: Falkenlibellen, *Corduliidae*
Flugzeit: Mai bis Juni
Der Zweifleck zählt zu unseren seltensten Libellenarten. Er ähnelt ein wenig dem Vierfleck (Nr. 101), zudem fliegen die Männchen über größeren Seen ferne vom Ufer, so daß sie leicht übersehen werden. Die Weibchen pressen im Sitzen einen großen, braunen Eiklumpen aus, der am Hinterleibsende hängenbleibt. Sodann fliegen sie zu einer Stelle mit untergetauchten Pflanzen und streifen hier dicht über der Oberfläche dahin. Bei Berührung mit dem Wasser entrollt sich der Eiklumpen zu einem fünfzig bis siebzig Zentimeter langen Gallertstrang, der sich in den Wasserpflanzen verhängt.

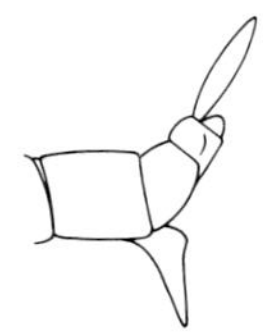

Legeapparat der Glänzenden Smaragdlibelle

51. Glänzende Smaragdlibelle, *Somatochlora metallica* (Van der Linden), Eiablage
Familie: Falkenlibellen, *Corduliidae*
Flugzeit: Juni bis September
Die Weibchen der Glänzenden Smaragdlibelle legen ihre Eier auf feuchten Boden unmittelbar an der Uferlinie oder auf schwimmende Algenwatten. Die Legescheide ist zu einer Spitze ausgezogen, die nach unten absteht. Bei der Eiablage werden die beiden letzten Hinterleibsringe fast senkrecht nach oben gebogen. So entsteht eine Art „Spitzhammer", mit dem das fliegende Tier in kurzen Abständen auf die Unterlage schlägt. Dadurch werden die Eier ausgepreßt und fortgeschleudert. Hin und wieder unterbricht das Weibchen diese Tätigkeit, fliegt über freies Wasser und taucht seine Legescheide mehrmals ein, als wolle es sie auswaschen.

52. Plattbauch, *Libellula depressa* Linné, Eiablage
Familie: Segellibellen, *Libellulidae*
Flugzeit: Mai bis Juli
Auch die Segellibellen werfen, genau wie alle Großlibellen mit Ausnahme der Edellibellen, ihre Eier aus dem Fluge ab. Bei den allermeisten Arten ist die Legescheide klein und unauffällig. Dennoch ist sie von Art zu Art verschieden gestaltet und für die Bestimmung der Weibchen genauso wichtig wie die Hinterleibszangen der Männchen. Die Tiere fliegen an einer geeigneten Stelle, oft im Schutze von Pflanzen, und wippen rhythmisch auf und ab. Anfangs schwebt das Männchen über dem legenden Weibchen und „bewacht" es (Nr. 54). Dabei vertreibt es andere Männchen, die sich paaren wollen. Doch der Drang zum „Bewachen" läßt bald nach, das legende Weibchen bleibt allein und verpaart sich nach kurzer Zeit wieder.

Das Eiablageverhalten einer Heidelibelle

Blutrote Heidelibelle, *Sympetrum sanguineum* (Müller)
Familie: Segellibellen, *Libellulidae*
Flugzeit: Juli bis September
Die Blutrote Heidelibelle zählt in Süddeutschland zu den häufigen Arten, im Norden ist sie recht selten. Das Männchen ist an der blutroten Farbe des Hinterleibes und an den schwarzen Beinen zu erkennen. Die Libelle fliegt an stehenden Gewässern, von denen sie sich kaum entfernt. Ihr Verhalten bei der Eiablage hat einige Besonderheiten aufzuweisen. (Vgl. das Umschlagbild.)

53. Nach der Paarung trennen sich bei den Heidelibellen die Partner nicht, wie bei vielen anderen Segellibellen, sondern sie suchen in Tandemstellung einen zur Eiablage geeigneten Ort auf. Die Blutrote Heidelibelle legt ihre Eier über dem Ufer auf feuchten Boden oder in verwachsenes, flaches Wasser. Die Große Heidelibelle (Nr. 36, 39) zieht tieferes Wasser vor, meist am Rande des Schilfgürtels. Die Gemeine Heidelibelle (Nr. 109) pflegt ihre Eier ins Wasser dicht am Ufer zu legen, die Frühe Heidelibelle dagegen (Nr. 31) ferne vom Ufer in tiefes Wasser. Längere Zeit hindurch bleiben die Partner vereinigt. Die Paare wippen im Fluge auf und ab. Bei manchen Arten berührt das Weibchen mit der Spitze des Hinterleibes das Wasser, andere wieder, wie die Blutrote Heidelibelle, schleudern die Eier weg.

54. Nach längerer Zeit trennen sich die Partner. Das Männchen der Blutroten Heidelibelle schwebt zunächst über dem legenden Weibchen und „bewacht" es. Im Gegensatz zu anderen Segellibellen (z. B. Vierfleck, Nr. 101) zeigt es dabei keine große Ausdauer. Schon nach einer oder zwei Minuten verläßt es seine Partnerin.

55. Das Weibchen fährt nach der Trennung längere Zeit mit der Eiablage fort. Die Eier quellen aus der Legeöffnung; durch die wippenden Bewegungen des Tieres werden sie fortgeschleudert. Wenn man so ein Weibchen fängt und das Ende seines Hinterleibes in ein Röhrchen mit Wasser taucht, kann man die Eier auffangen und zur Aufzucht benützen. Das gelingt übrigens bei den meisten Libellenarten, die ihre Eier im Fluge abwerfen. Edellibellen sollen in der Gefangenschaft ihre Eier bereitwillig in einen feuchten Schwamm einstechen.

56. Ab und zu setzt sich das Weibchen auf eine Pflanze und ruht aus. Dabei dringen die Eier weiterhin aus der Legescheide und fallen von Zeit zu Zeit herab. Alsbald fliegt das Tier von neuem auf und fährt mit der Eiablage fort. Da sich das meist an recht verborgenen Stellen abspielt, an denen sich nur selten Männchen einstellen, bleibt das Tier oft längere Zeit hindurch ungestört. Die Schwarze Heidelibelle (Nr. 108) zeigt das gleiche Verhalten wie die Blutrote. Bei anderen Heidelibellenarten sieht man nur selten die Weibchen allein legen. Eine Eiablage ausschließlich „mit bewachendem Männchen" ist von einzelnen, ausländischen Heidelibellen bekannt geworden. Wüßte man mehr darüber, könnte man vielleicht stichhaltige Vorstellungen über das Zustandekommen dieses Verhaltens entwickeln.

Weitere Angaben über die Eiablage der Großlibellen finden Sie unter anderem bei folgenden Arten:
65. Zweigestreifte Quelljungfer, *Cordulegaster boltoni* (Donovan)
93. Grüne Mosaikjungfer, *Aeshna viridis* (Eversmann)
116. Hochmoor-Mosaikjungfer, *Aeshna subarctica* Walker

57. Blauflügel-Prachtlibelle, *Calopteryx virgo* (Linné), Männchen
58. Blauflügel-Prachtlibelle, *Calopteryx virgo* (Linné), Werbetanz
59. Gebänderte Prachtlibelle, *Calopteryx splendens* (Harris), Paarungsrad
Familie: Prachtlibellen, *Calopterygidae*
Flugzeit: Mai bis August
Früher zählten die Prachtlibellen zu unseren häufigsten Arten. In scheinbar schwerfälligem, falterartigem Fluge tanzten sie an den Ufern von Bächen und Flüssen auf und ab, manchmal in ganzen Schwärmen. Heute sind sie selten geworden, die fortschreitende Verschmutzung ihrer Wohngewässer hat sie vielerorts zum Verschwinden gebracht. Bei uns kommen zwei Arten vor, die verschiedene Ansprüche an ihren Lebensraum stellen und deshalb nur selten gemeinsam fliegen: Die Blauflügel-Prachtlibelle bevorzugt schnell, die Gebänderte langsam fließende Gewässer. Ihr Verhalten ist außerordentlich hoch entwickelt. Die Männchen besetzen Reviere, die geeignete Sitz- und Eiablageplätze enthalten. Von Zeit zu Zeit fliegen sie deren Grenzen ab, die sie an Marken wie auffallenden Pflanzen oder aus dem Wasser ragenden Steinen erkennen, und verteidigen sie gegen fremde Männchen. Fliegt eines über die Grenze, dann „drohen" sie zunächst durch Öffnen der Flügel und Anheben des Hinterleibes. Hilft das nichts, dann entwickeln sich heftige Luftkämpfe, bei denen jeder versucht, den anderen zu überfliegen. So wirbeln die Tiere umeinander, ohne sich im mindesten zu berühren, und steigen immer höher, bis einer, meist der Revierfremde, aufgibt und davonfliegt. Einfliegenden Weibchen dagegen wird mit einem Werbeverhalten „der Hof gemacht", das von Art zu Art verschieden ist und an dem die Tiere erkennen, ob der Partner der eigenen Art angehört. Es umfaßt ein Präsentieren der Unterseite des Hinterleibsendes, das arttypische Färbungen trägt, ein „Eiablageplatz-Zeigen" sowie einen „Werbetanz". Nach der Paarung wird das Weibchen oft durch erneutes „Eiablageplatz-Zeigen" zum Eierlegen aufgefordert. Die Larve der Gebänderten Prachtlibelle ist unter Nr. 1 abgebildet.

60. Federlibelle, *Platycnemis pennipes* (Pallas), Paarungskette
Familie: Federlibellen, *Platycnemididae*
Flugzeit: Juni bis September
Die Federlibelle fliegt an langsam fließenden und stehenden Gewässern. Sie und ihre Verwandten haben ebenfalls gewisse Verhaltensweisen entwickelt, die allerdings bei weitem nicht so kompliziert sind wie jene der Prachtlibellen. Die Beinschienen der Männchen sind verbreitert und tragen am Rande Borsten, so daß sie wie Federn aussehen. Sie werden beim „Drohverhalten" dem Gegner vorgezeigt.

60 a. Weiße Federlibelle, *Platycnemis latipes* (Rambur)
Familie: Federlibellen, *Platycnemididae*
Flugzeit: Mai bis September
Eine südeuropäische Art, die sich von der Federlibelle durch ihre weiße Farbe auch als geschlechtsreifes Tier (frisch geschlüpfte Federlibellen sind ebenfalls fast weiß) und durch breitere Schienen im männlichen Geschlecht unterscheidet. Sie wurde am Oberrhein auf französischem Boden nachgewiesen.

Helm-Azurjungfer

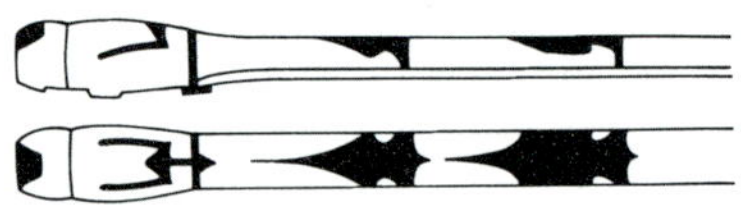

Vogel-Azurjungfer

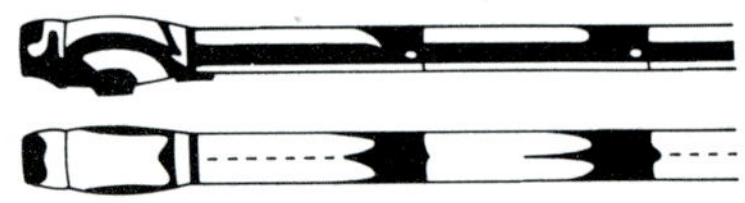

Bileks Azurjungfer

61. Helm-Azurjungfer, *Coenagrion mercuriale* (Charpentier), Männchen
Familie: Schlanklibellen, *Coenagrionidae*
Flugzeit: Mai bis August
Die Azurjungfern verdanken ihre deutschen und zum Teil auch ihre wissenschaftlichen Namen einer Zeichnung auf dem Rücken des zweiten Hinterleibsringes der Männchen, nach der man diese mit einiger Sicherheit bestimmen kann. Es handelt sich um ein U- oder hufeisenförmiges Gebilde, wie man es bei der Hufeisen-Azurjungfer (Nr. 84) gut ausgebildet findet. Diese Zeichnung kann in verschiedenster Weise abgeändert sein; bei unserer Art wird sie mit dem Flügelhelm des Gottes Merkur verglichen. Die Helm-Azurjungfer fliegt an kalkhaltigen Gräben und Bächen, in denen häufig auch die Berle *(Berula erecta)* wächst. Es wurde behauptet, die Libelle sei an dieses Doldengewächs *(Apiaceae)* gebunden; das trifft nicht zu, es gibt hinreichend Lebensräume, in denen zwar die Libelle fliegt, die Berle jedoch fehlt. Über die Eiablage dieser Art wurde unter Nr. 45 berichtet.

62. Vogel-Azurjungfer, *Coenagrion ornatum* (Selys), Männchen
Familie: Schlanklibellen, *Coenagrionidae*
Flugzeit: Mai bis Juni
Dieses hübsche Tier ist kräftiger gebaut als die Helm-Azurjungfer. Es teilt ihren Lebensraum, scheint jedoch die Oberläufe der Bäche vorzuziehen. Seine Flugzeit ist viel kürzer. Beide Arten sind durch Veränderung und Verschmutzung ihrer Wohngewässer, sicher auch durch die Anwendung von Kerbtiergiften in benachbarten Feldern, in hohem Maße gefährdet und vielerorts bereits ausgerottet.

63. Bileks Azurjungfer, *Coenagrion hylas* (Trybom), Männchen
64. Bileks Azurjungfer, *Coenagrion hylas* (Trybom), Weibchen
Familie: Schlanklibellen, *Coenagrionidae*
Flugzeit: Juni bis August?
Das Verbreitungsgebiet dieser größten Azurjungfer reicht von Sibirien über die Mandschurei bis nach Japan. Anfang der fünfziger Jahre sorgte sie in Fachkreisen für eine Sensation: Der Münchener Libellenforscher A. Bilek entdeckte sie an der Mündung des Zwingsees bei Inzell (Oberbayern). Der zuständige Naturschutz scheint es versäumt zu haben, sich dieses einmaligen Vorkommens anzunehmen. So ist diese Art dort inzwischen durch Veränderungen an ihrem Wohnbereich, wohl auch durch übermäßiges Sammeln, ausgerottet. 1973 wurde durch H. Heidemann ein weiterer Fundort entdeckt. Ihr Lebensraum sind die Mündungsbereiche und die Schuttkegel von Bächen in kalkhaltigen Seen. Ihre Flugzeit dürfte nur kurz sein und von Wetter und Höhenlage des Fundortes abhängen. Da die Art jeweils nur auf wenige Quadratmeter beschränkt zu sein scheint, ist sie gegenüber Veränderungen sehr anfällig. Von allen ihren Verwandten unterscheidet sich Bileks Azurjungfer dadurch, daß beide Geschlechter an den Seiten des Hinterleibes einen durchgehenden schwarzen Streifen besitzen.

Legeapparat einer Quelljungfer

65. Zweigestreifte Quelljungfer, *Cordulegaster boltoni boltoni* (Donovan), Männchen
Familie: Quelljungfern, *Cordulegastridae*
Flugzeit: Juni bis August
Die Zweigestreifte Quelljungfer ist die häufigere der beiden in Deutschland vertretenen Arten. Die Männchen fliegen über klaren Bächen auf und ab, nicht selten setzen sie sich an Zweige oder Pflanzen am Ufer. Die Eiablage erfolgt in flaches Wasser. Mit fast senkrecht gehaltenem Hinterleib fliegen die Weibchen auf und ab und stoßen die Eier in den Sand- oder Kiesgrund ein. Dabei hilft ihnen ihre große Legescheide, die das Hinterleibsende überragt und wie ein „Setzholz" wirkt.

66. Zweigestreifte Quelljungfer, Mittelmeer-Rasse, *Cordulegaster boltoni immaculifrons* (Selys), Männchen
Familie: Quelljungfern, *Cordulegastridae*
Flugzeit: Mai bis August
Im Mittelmeerraum fliegt eine besonders prächtige Form der Zweigestreiften Quelljungfer, die sich durch eine größere Ausdehnung der gelben Zeichnungen von mitteleuropäischen Tieren unterscheidet. Ihr wissenschaftlicher Name weist darauf hin, daß der schwarze Querstrich auf der Stirne häufig fehlt.

67. Gestreifte Quelljungfer, *Cordulegaster bidentatus* (Selys), Männchen
Familie: Quelljungfern, *Cordulegastridae*
Flugzeit: Juni bis August.
Beide Quelljungfer-Arten zählen zu unseren größten Libellen. Die Gestreifte Quelljungfer fliegt an kalten Bächen und Quellen, sie ist viel seltener als ihre Schwesternart. Die Larven der Quelljungfern leben im Sande vergraben, nur Augen und Schwanzstacheln ragen hervor. Ihre kurzen, kräftigen Grabbeine sind stark behaart. Als Bewohner kalten, nahrungsarmen Wassers benötigen sie mehrere Jahre zur Entwicklung.

68. Kleiner Blaupfeil, *Orthetrum coerulescens* (Fabricius), Paarungsrad
Familie: Segellibellen, *Libellulidae*
Flugzeit: Mai bis August
Man begegnet dieser Libelle an flachen, langsam fließenden Bächen und Gräben. Das sind sehr gegen Veränderungen anfällige Lebensräume, die sich in unserem dicht besiedelten Land nicht lange halten. Zudem wird der Zustand ihres Wassers durch eingeschwemmte Düngemittel stark verändert und ihr Kerbtierleben durch Insektizide immer wieder vernichtet. So ist auch diese Art selten geworden.

68 a. Gekielte Smaragdlibelle, *Oxygastra curtisi* (Dale)
Familie: Falkenlibellen, *Corduliidae*
Flugzeit: Juni bis Juli
Eine metallisch grüne Art mit rautenförmigen, gelben Flecken auf dem Rücken des Hinterleibes. Sie ist im westlichen Mittelmeergebiet zuhause, in den vierziger Jahren hat sie sich im Mündungsbereich der Sieg entwickelt.

69. Gemeine Keiljungfer, *Gomphus vulgatissimus* (Linné), Männchen
Familie: Flußjungfern, *Gomphidae*
Flugzeit: Mai bis Juli
Als der schwedische Naturforscher Carl von Linné diese Art „*Libellula vulgatissima*" nannte, da ahnte er nicht, daß die fortschreitende Verschmutzung der Bäche und Flüsse ihr und ihren Verwandten gut zweihundert Jahre später fast den Garaus machen würde. Heute zählen die Flußjungfern zu unseren seltensten Libellen. Sie besiedeln fließende Gewässer aller Art, sind jedoch auch an den Ufern großer Seen anzutreffen, wo ihre Larven in der Brandungszone günstige Lebensbedingungen vorfinden (vgl. Nr. 9, 10). Nur eine Art, die Westliche Keiljungfer (Nr. 97), bewohnt auch stehende Gewässer und ist deshalb noch recht häufig.

69 a. Asiatische Keiljungfer, *Gomphus flavipes* (Charpentier)
Familie: Flußjungfern, *Gomphidae*
Flugzeit: Juni bis September
Das Hauptverbreitungsgebiet dieser Art liegt in Asien, sie scheint an großen Strömen zu fliegen. Ihre westlichsten Fundorte liegen in Holland.

70. Grüne Keiljungfer, *Ophiogomphus serpentinus* (Charpentier), Männchen
Familie: Flußjungfern, *Gomphidae*
Flugzeit: Juni bis September
Nur selten noch sieht man dieses hübsche Tier, das rasch fließende Bäche und Flüsse mit sandigem Grund bewohnt.

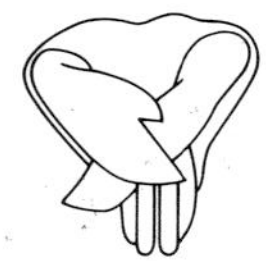

Kleine Zangenlibelle

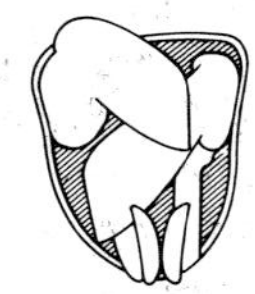

Große Zangenlibelle

Hinterleibsanhänge der Männchen von hinten gesehen

71. Kleine Zangenlibelle, *Onychogomphus forcipatus* (Linné), Männchen
Familie: Flußjungfern, *Gomphidae*
Flugzeit: Mai bis August
Der deutsche Name dieser und der folgenden Art soll darauf hinweisen, daß die Hinterleibsanhänge der Männchen zu kräftigen Greifzangen ausgebildet sind. Bei unserer Art ist ihr Ende, von hinten gesehen, leicht gespalten, bei der folgenden ganzrandig. Das Männchen auf unserem Bild zeigt ein Verhalten, das man an heißen Tagen beobachten kann: Es streckt seinen Hinterleib so empor, daß er auf die Sonne weist und von ihren Strahlen nicht zu stark erwärmt werden kann (vgl. Nr. 29). Die Kleine Zangenlibelle fliegt an Bächen und Flüssen mit sandigem Grund. In Südeuropa ist sie durch die Rasse *unguiculatus* vertreten, deren helle Zeichnungen ausgedehnter sind.

72. Große Zangenlibelle, *Onychogomphus uncatus* (Charpentier), Männchen
Familie: Flußjungfern, *Gomphidae*
Flugzeit: Juli bis August
Die Heimat dieser Libelle ist Südeuropa. In der Bundesrepublik kommt (oder kam?) sie nur an einer einzigen Stelle vor, am Rhein bei Schaffhausen. Falls sie da nicht schon verschwunden ist, dürfte das spätestens bei einer Schiffbarmachung des Flusses geschehen. Sie ist sehr wärmeliebend und fliegt nur an klaren, sonnigen Tagen.

Auch folgende Großlibellenarten kommen an fließendem Wasser vor:
99. Glänzende Smaragdlibelle, *Somatochlora metallica* (Van der Linden)
103, 104. Spitzenfleck, *Libellula fulva* Müller

Gemeine Winterlibelle

Brust von der Seite

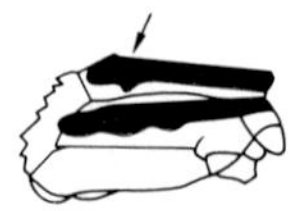

Sibirische Winterlibelle

73. Gemeine Winterlibelle, *Sympecma fusca* (Van der Linden), Paarungskette. Das Weibchen putzt seinen Legeapparat mit den Hinterbeinen
73 a. Sibirische Winterlibelle, *Sympecma paedisca* (Brauer)
Familie: Teichjungfern, *Lestidae*
Flugzeit: Juli bis Mai
Die Gemeine Winterlibelle ist weit verbreitet und häufig, die Sibirische dagegen nur von wenigen Stellen bekannt. Sie sind an der Zeichnung der Brust zu unterscheiden. Beide Arten überwintern als voll entwickelte Libellen; an sonnigen Herbst- und Wintertagen fliegen sie an Waldrändern und auf Lichtungen umher. Sie schlüpfen im Juli und August, werden nach der Überwinterung geschlechtsreif und kehren im April und Mai an ihre Wohngewässer zurück. Die Eiablage wurde unter Nr. 42 beschrieben, Bild Nr. 38 zeigt die Jugendfärbung der Art.

74. Gemeine Binsenjungfer, *Lestes sponsa* (Hansemann), Männchen
Familie: Teichjungfern, *Lestidae*
Flugzeit: Ende Juni bis September
Diese häufige Art fliegt an stehenden Gewässern aller Art bis hinauf ins Gebirge. Insbesondere in Mooren tritt sie oft in sehr großer Anzahl auf. Im Gegensatz zu allen anderen Kleinlibellen sitzen die Binsenjungfern (Gattungen *Lestes, Chalcolestes*) mit halb geöffneten Flügeln (vgl. Nr. 38, 40).

75. Glänzende Binsenjungfer, *Lestes dryas* Kirby, Eiablage
Familie: Teichjungfern, *Lestidae*
Flugzeit: Ende Juni bis September
Man kann die Glänzende leicht mit der Gemeinen Binsenjungfer verwechseln. Sie ist etwas größer und kräftiger; ihre unteren Hinterleibsanhänge sind am Ende einwärts gebogen, bei der vorigen jedoch gerade. Die Art ist auf der ganzen nördlichen Halbkugel verbreitet, bei uns jedoch nicht häufig. Alle Binsenjungfern mit Ausnahme der Weidenjungfer (Nr. 43) stechen ihre Eier in Pflanzenstengel ein, zumeist mit angekoppeltem Männchen („*Lestes*-Typ" der Eiablage, vgl. Nr. 43).

76. Südliche Binsenjungfer, *Lestes barbarus* (Fabricius), Männchen
Familie: Teichjungfern, *Lestidae*
Flugzeit: Juni bis September
Diese Wanderlibelle ist in Südeuropa zu Hause. Immer wieder taucht sie an einem Gewässer auf und kann einen Sommer lang recht zahlreich sein. Meist verschwindet sie nach einem oder zwei Jahren wieder. Sie ist leicht an ihrem zweifarbigen Flügelmal zu erkennen (innen weiß, außen braun).
76 a. Dunkle Binsenjungfer, *Lestes macrostigma* (Eversmann)
Familie: Teichjungfern, *Lestidae*
Eine weitere Art aus dem Mittelmeergebiet, die gelegentlich bei uns nachgewiesen wurde. Ihr Flügelmal ist größer als bei den anderen Teichjungfern, es steht vor 3 – 4 Flügelzellen.
Vergleiche auch:
22, 33, 43. Weidenjungfer, *Chalcolestes viridis* (Van der Linden)

77. Kleine Binsenjungfer, *Lestes virens* (Charpentier), Männchen
Familie: Teichjungfern, *Lestidae*
Flugzeit: Juli bis Oktober
Der bevorzugte Lebensraum dieser kleinsten unter den einheimischen Binsenjungfern sind nicht allzu nährstoffarme Moore; man kann ihr aber auch an anderen stehenden Gewässern begegnen, wo sie im Spätherbst oft noch als letzte Kleinlibelle fliegt. Paarung und Eiablage entsprechen jener ihrer Verwandten, doch sieht man verhältnismäßig oft einzelne Weibchen Eier legen.
Vergleiche auch:
60. Federlibelle, *Platycnemis pennipes* (Pallas)

78. Frühe Adonislibelle, *Pyrrhosoma nymphula* (Sulzer), Paarungskette
Familie: Schlanklibellen, *Coenagrionidae*
Flugzeit: Mai bis August
Eine der ersten Arten, die im Frühjahr schlüpfen, ist die Frühe Adonislibelle. Ihren Namen erhielt sie nach dem Adonisröschen, das die gleiche, rote Farbe trägt. Sie hält sich zumeist in der Ufervegetation stehender und langsam fließender Gewässer auf, sonnt sich jedoch auch gerne auf Blättern oder Steinen. Zwar ist sie recht häufig, doch fällt sie trotz ihrer leuchtenden Farbe kaum auf. Bild Nr. 17 zeigt ein fressendes Männchen, Nr. 46 die Eiablage.
Vergleiche auch:
34. Späte Adonislibelle, *Ceriagrion tenellum* (De Villers)
Beide Arten sind am besten an ihren Beinen zu unterscheiden. Die der „Frühen" sind schwarz, jene der „Späten" rötlich.

Großes Granatauge

Kleines Granatauge

Hinterleibsenden der Männchen

79. Großes Granatauge, *Erythromma najas* (Hansemann), Paarungskette
Familie: Schlanklibellen, *Coenagrionidae*
Flugzeit: Mai bis August
Das Große Granatauge ist weit verbreitet und häufig. Die Männchen ruhen gerne auf den Blättern von See- und Teichrosen. Die Eiablage beginnt über Wasser, das Männchen sitzt stets auf dem Substrat (*Sympecma*-Typ, Nr. 42). Doch bald tauchen die Tiere unter; das Männchen allerdings läßt sein Weibchen nach kurzer Zeit los und schwimmt auf. Es bleibt in der Nähe und wartet auf seine Partnerin. Sobald diese auftaucht, wird sie ergriffen, und das Paar fliegt zu einem neuen Ablageplatz. Dem Weibchen auf unserem Bild war es nicht gelungen, sich vom Wasser zu lösen; das rechte Flügelpaar war auf der Oberfläche kleben geblieben. Das Männchen hatte sich an ihm verankert und versucht, aufzufliegen. Durch sein Flügelschwirren schleppte es die Verunglückte bis zu einem Seerosenblatt, auf dem es landete. Nun konnte das Weibchen auf das Blatt klettern und sich befreien (vgl. Nr. 45). Der Käfer im Bild ist ein Seerosenkäfer, *Galerucella nymphaeae* (Linné) *(Chrysomelidae)*.

80. Kleines Granatauge, *Erythromma viridulum* (Charpentier), Männchen
Familie: Schlanklibellen, *Coenagrionidae*
Flugzeit: Juni bis September
Die Art ähnelt der vorigen, ist jedoch kleiner und zierlicher. Auch ihr Blau ist intensiver. Im Gegensatz zu dieser trägt sie auf dem letzten Hinterleibsring eine schwarze, x-förmige Zeichnung. Ihre Heimat ist das Mittelmeergebiet. In Südwestdeutschland ist sie häufig, im Norden dagegen begegnet man ihr nur stellenweise. Der Schlüpfvorgang ist unter Nr. 11 beschrieben.

Libellen an Tümpel, Teich und See

Hufeisen-Azurjungfer

Becher-Azurjungfer

81. Große Pechlibelle, *Ischnura elegans* (Van der Linden), Paarungskette
Familie: Schlanklibellen, *Coenagrionidae*
Flugzeit: Mai bis September
Die kleine, unscheinbare Libelle zählt zu den häufigsten und anspruchslosesten Arten. Man begegnet ihr fast überall an stehenden und auch an langsam fließenden Gewässern. Das Hochmoor allerdings meidet sie. Die Weibchen treten in mehreren Farbformen auf, ihre helle Färbung variiert von Rotgelb über Violett und Blau bis zu einem düsteren Graugrün. Sie sind recht gefräßig und scheuen sich nicht, gleich große Libellen zu verspeisen (Nr. 18). Die Eiablage (Nr. 44) erfolgt ohne Männchen. Deshalb sieht man nur selten Paarungsketten wie auf unserem Bild. Der Schlüpfvorgang ist unter Nr. 5 – 8 beschrieben.

82. Kleine Pechlibelle, *Ischnura pumilio* (Charpentier), Paarungsrad
Familie: Schlanklibellen, *Coenagrionidae*
Flugzeit: Mai bis September
Im Gegensatz zur „Großen" ist die Kleine Pechlibelle eine unserer seltensten und gefährdetsten Arten. Ihr Lebensraum ist flaches Wasser mit senkrechter, niedriger Vegetation. Offensichtlich fliegen die Tiere weit umher, da neu entstandene Biotope alsbald besiedelt werden. Die Art ist leicht zu übersehen, am ehesten fallen noch die frisch geschlüpften, orangegelben Weibchen auf. Das „Schlußlicht", der blaue Fleck am Hinterende des Männchens, ist nicht wie bei der „Großen" auf den achten Ring beschränkt; er nimmt bei der „Kleinen" das letzte Drittel des achten und den neunten Ring ein. Beiden Arten gemeinsam ist das zweifarbige Flügelmal (innen schwarz, außen weiß).

82 a. Zwerglibelle, *Nehalennia speciosa* (Charpentier)
Familie: Schlanklibellen, *Coenagrionidae*
Flugzeit: Juni bis Juli
Die winzige Libelle ähnelt ein wenig den Pechlibellen, die dunklen Körperzeichnungen sind jedoch metallisch grün. Sie fliegt an dicht verwachsenen Sümpfen.

83. Becher-Azurjungfer, *Enallagma cyathigerum* (Charpentier), Paarungsrad
Familie: Schlanklibellen, *Coenagrionidae*
Flugzeit: Mai bis September
Eine in der Alten und der Neuen Welt weit verbreitete Art, die etwas gedrungener gebaut ist als die meisten Azurjungfern. Die Männchen halten sich über der Schwimmblattzone stehender Gewässer auf. Gerne sitzen sie an herausragenden Halmen wenige Zentimeter über der Wasseroberfläche. Die Paare gehen zur Eiablage oft unter Wasser.

84. Hufeisen-Azurjungfer, *Coenagrion puella* (Linné), Eiablage
Familie: Schlanklibellen, *Coenagrionidae*
Flugzeit: Mai bis August
Die Hufeisen-Azurjungfer ist eine unserer häufigsten Arten an stehenden Gewässern aller Art. Die Paarung zeigt keine Besonderheiten, die Eiablage erfolgt über Wasser nach dem *Coenagrion-*, bei starkem Wind auch nach dem *Sympecma*-Typ (vgl. Nr. 42, 46).

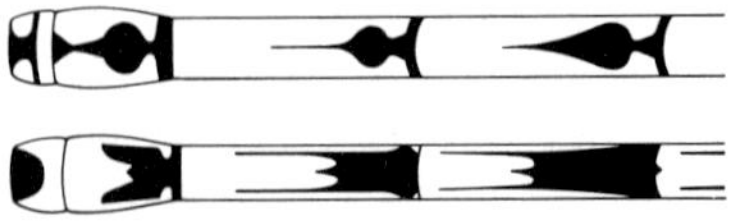

85. Fledermaus-Azurjungfer, *Coenagrion pulchellum* (Van der Linden), Männchen
Familie: Schlanklibellen, *Coenagrionidae*
Flugzeit: Mai bis Juli
Auch diese schlanke Art, die ihren Namen wegen der schwarzen Zeichnung auf dem zweiten Hinterleibsring der Männchen erhielt, zählt zu den häufigen Libellen. Auf dem Hinterleib der Männchen überwiegt das Schwarz, die Weibchen dagegen tragen meist leuchtend blaue Flecken. Sie scheint etwas höhere Ansprüche an die Sauberkeit des Wassers zu stellen als die Hufeisen-Azurjungfer (84).

86. Pokal-Azurjungfer, *Cercion lindeni* (Selys), Paarungsrad
Familie: Schlanklibellen, *Coenagrionidae*
Flugzeit: Juni bis August
Von einigen Autoren wird diese Art auch in die Gattung *Coenagrion* gestellt. Ihre Heimat ist das westliche Mittelmeergebiet. Immer wieder begegnet man ihr auch nördlich der Alpen. Sie fliegt an stehenden und langsam fließenden Gewässern, die Eiablage erfolgt oft unter Wasser (vgl. Nr. 45).

86 a. Hauben-Azurjungfer, *Coenagrion armatum* (Charpentier)
Familie: Schlanklibellen, *Coenagrionidae*
Flugzeit: Mai (Juni)
Eine dunkle Art, die bei oberflächlicher Betrachtung für eine Pechlibelle (81, 82) gehalten werden könnte. Von diesen unterscheidet sie sich jedoch durch ihr einfarbig schwarzes Flügelmal sowie durch ihre großen, unteren Hinterleibsanhänge. Sie fliegt an stark verwachsenen Moorweihern Norddeutschlands und gehört zu den stark bedrohten Arten.

86 b. Gabel-Azurjungfer, *Coenagrion scitulum* (Rambur)
Familie: Schlanklibellen, *Coenagrionidae*
Flugzeit: Juni?
Von dieser südlichen Art sind in der Bundesrepublik Einzelfunde bekannt geworden.

87. Kleine Mosaikjungfer, *Brachytron pratensis* (Müller), Männchen
88. Kleine Mosaikjungfer, *Brachytron pratensis* (Müller), Paarungsrad
Familie: Edellibellen, *Aeshnidae*
Flugzeit: Mai bis Juli
Diese Art ist auch unter dem Namen „*Brachytron hafniense* (Müller)" bekannt. Ihr Entdecker, Herr Müller, beschrieb auf S. 61 seines Buches (1764) das Weibchen unter dem Namen „*Libellula Hafniensis*", auf der nächsten das Männchen als „*Libellula pratensis*". Heute wird allgemein der zweite Name gebraucht. Im Gegensatz zu den meisten ihrer Verwandten schlüpft die Kleine Mosaikjungfer an den ersten Maitagen und verschwindet im Juli. In der Ebene ist sie weit verbreitet und häufig. Die Männchen fliegen auf der Suche nach den eierlegenden Weibchen vor allem an oder in dichten Schilfbeständen umher.

89. Braune Mosaikjungfer, *Aeshna grandis* (Linné), Männchen
Familie: Edellibellen, *Aeshnidae*
Flugzeit: Juli bis September
Im Norden und Nordosten Deutschlands ist die große, prächtige Libelle häufig, in Südwestdeutschland etwas seltener. Sie ist ein ausgezeichneter Segelflieger. Weite Strecken gleitet sie ohne Flügelschlag dahin, ihre braun getönten Flügel leuchten in der Sonne wie Kupfer. Fast könnte man meinen, sie würde sich nie setzen. Doch beobachtet man genauer, dann stellt man fest, daß sie und ihre Verwandten sich gerne sonnen. Tagsüber sitzt die „Braune" immer nur ein paar Minuten lang an Pflanzen in Bodennähe, am Nachmittag dagegen preßt sie sich an sonnenwarme Baumstämme und kann hier längere Zeit hindurch verharren. Die Eiablage wurde unter Nr. 47 beschrieben.

90. Blaugrüne Mosaikjungfer, *Aeshna cyanea* (Müller), Männchen
Familie: Edellibellen, *Aeshnidae*
Flugzeit: Juli bis Oktober
Die Blaugrüne Mosaikjungfer ist leicht an den breiten, grünen Streifen auf der Vorderfläche der Flügelbrust zu erkennen, die ähnlich nur noch bei der Grünen Mosaikjungfer (Nr. 93) vorkommen. Man begegnet ihr im Sommer und Herbst an stehenden Gewässern aller Art, aber auch ferne vom Wasser an Waldrändern, auf Waldwegen, selbst in der Stadt. Wenn sie sich ins Gebüsch setzt, ist sie dank der Fleckenzeichnung ihres Hinterleibes kaum zu sehen. Die Männchen fliegen im Schatten von Bäumen und Sträuchern die Ufer entlang und suchen nach eierlegenden Weibchen. Dabei bleiben sie oft längere Zeit rüttelnd in der Luft stehen. Die Weibchen stechen ihre Eier in feuchten Boden und Pflanzenreste ein. Hat ein Männchen eines entdeckt, dann stürzt es sich darauf, klammert sich an der Brust fest und verankert seine Zangen an ihrem Kopfe. Sodann, noch auf dem Boden, erfolgt die Sperma-Auffüllung (vgl. Nr. 33). Anschließend fliegt das Paar zur Radbildung in die Baumkronen. Die Eiablage wurde unter Nr. 49 beschrieben.

91. Herbst-Mosaikjungfer, *Aeshna mixta* Latreille, Männchen
Familie: Edellibellen, *Aeshnidae*
Flugzeit: Juli bis Oktober
Wie der Name sagt, fliegt diese Libelle noch spät im Herbst, wenn ihre Verwandten längst verschwunden sind. In Süd- und Mitteleuropa ist sie häufig, sie entfernt sich oft weit vom Wasser und jagt an Waldrändern über den angrenzenden Wiesen nach Insekten. Die beiden gelben Streifen an der Seite ihrer Brust unterscheiden sie von der nächsten, ähnlichen Art.

92. Südliche Mosaikjungfer, *Aeshna affinis* (Van der Linden), Männchen
Familie: Edellibellen, *Aeshnidae*
Flugzeit: Juli bis August
Eine Art aus dem Mittelmeergebiet, die immer wieder bei uns einwandert. Sie fliegt gerne an sonnigen Schilfufern. Zur Eiablage bleiben wie bei der Kleinen Königslibelle (Nr. 48) Männchen und Weibchen miteinander verbunden.

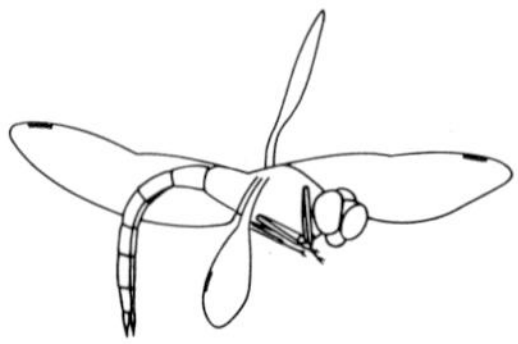

Große Königslibelle, Weibchen zeigt an, daß es nicht paarungsbereit ist

93. Grüne Mosaikjungfer, *Aeshna viridis* Eversmann, Weibchen
Familie: Edellibellen, *Aeshnidae*
Flugzeit: August bis Oktober
Ihren Namen verdankt die Grüne Mosaikjungfer dem grün und braun gefärbten Weibchen; das Männchen ist ähnlich gezeichnet wie die meisten seiner Verwandten, auf dem schwarzen Hinterleib leuchten blaue Flecken. In der Bundesrepublik ist diese Libelle zum Aussterben verurteilt. Sie ist auf Norddeutschland beschränkt, zudem legt das Weibchen seine Eier fast ausschließlich in die Krebsschere *(Stratiotes aloides)* ab. Da diese Pflanze Teiche und Seen überwuchert, ist sie bei Anglern sehr unbeliebt und wird bekämpft mit dem Erfolg, daß sie vielerorts verschwunden ist, und mit ihr die Grüne Mosaikjungfer. In einer Zeit, in der jeder Angelverein über die Ausrottung von Pflanzen- und Tierarten entscheidet, sollten endlich ihre letzten Vorkommen unter strengen Naturschutz gestellt werden! Die Männchen fliegen über den Krebsscherenbeständen auf und ab, ohne sich um die legenden Weibchen zu kümmern. Die Paarung erfolgt abseits vom Wasser.

94. Keilflecklibelle, *Aeshna isosceles* (Müller), Männchen
Familie: Edellibellen, *Aeshnidae*
Flugzeit: Mai bis Juni
Diese Art weicht in mancher Beziehung von ihren Verwandten ab, so durch ihre kurze, frühe Flugzeit und die einfarbig grünen Augen. Deshalb wurde sie in die Gattung *Anaciaeschna* gestellt, in die sie nach der Meinung anderer genauso wenig paßt wie zu *Aeshna.* Im Mittelmeergebiet ist sie häufiger als bei uns. Sie ist auf stehende Gewässer der Ebene beschränkt, wo sie an schilfbestandenen Ufern fliegt und sich oft an die Halme setzt. (Paarung: vgl. Nr. 35.)

95. Große Königslibelle, *Anax imperator* Leach, Paarung
Familie: Edellibellen, *Aeshnidae*
Flugzeit: Mai bis September
Dieses herrliche Tier verdankt seinen deutschen Namen Hermann Löns. Es fliegt über stehenden Gewässern aller Art, in Norddeutschland ist es seltener als im Süden. Paarung und Eiablage vollziehen sich in der üblichen Weise. Die Eier werden, wie bei den meisten Edellibellen, in schwimmende Pflanzenreste eingestochen. (Larve: Nr. 3, Ausschlüpfen: Nr. 12.)

96. Kleine Königslibelle, *Anax parthenope* (Selys), Männchen frißt einen Eichenspinner, *Lasiocampa quercus* (Linné)
Familie: Edellibellen, *Aeshnidae*
Flugzeit: Mai bis September
Die „Kleine" steht der „Großen" Königslibelle an Größe keineswegs nach. Sie ist im Mittelmeergebiet häufiger als bei uns, meist fliegt sie über großen Seen. Wie die Südliche Mosaikjungfer (Nr. 92) legt sie ihre Eier in Tandemstellung ab (Nr. 48). (Vergleiche auch: Nr. 20, 32.)

97. Westliche Keiljungfer, *Gomphus pulchellus* Selys, Paarungsrad
Familie: Flußjungfern, *Gomphidae*
Flugzeit: Mai bis Juli
Im Gegensatz zu ihren Verwandten, deren Larven sich in fließendem Wasser entwickeln (Nr. 9, 10, 69 – 71), ist diese Art eine ausgesprochene Seelibelle, die allerdings auch an langsam fließendem Wasser angetroffen wird. Ihre Heimat ist Süd- und Westeuropa, sie scheint jedoch allmählich nach Osten vorzudringen. Wie alle Flußjungfern sitzen die Tiere gerne auf dem Boden oder auf größeren Steinen. Ihr Flug ist seltsam wellenförmig.

97 a. Gelbe Keiljungfer, *Gomphus simillimus* Selys
Familie: Flußjungfern, *Gomphidae*
Die Gelbe Keiljungfer ist im Mittelmeergebiet zuhause, aus Mitteleuropa sind nur wenige Einzelfunde bekannt geworden. Sie ähnelt der Westlichen Keiljungfer, die schwarzen Streifen auf ihrer Brust sind jedoch breiter.

98. Gemeine Smaragdlibelle, *Cordulia aenea* (Linné), Männchen
Familie: Falkenlibellen, *Corduliidae*
Flugzeit: Mai bis August
An stehenden Gewässern aller Art, auch im Hochmoor, ist dieses düster gefärbte Tier eine der häufigsten Libellen. Die Männchen suchen entlang der Ufer nach eierlegenden Weibchen, dabei bleiben sie öfter rüttelnd in der Luft stehen. Die Weibchen wippen an verborgenen Stellen im Fluge auf und ab, berühren mit dem Hinterleibsende den Wasserspiegel und spülen dabei die aus dem Legeapparat hervortretenden Eier weg.

99. Glänzende Smaragdlibelle, *Somatochlora metallica* (Van der Linden), junges Weibchen
Familie: Falkenlibellen, *Corduliidae*
Flugzeit: Juni bis September
Die Glänzende ist im Fluge leicht mit der Gemeinen Smaragdlibelle zu verwechseln. In voll ausgefärbtem Zustand sind beide Geschlechter metallisch grün, bei der Gemeinen Smaragdlibelle (Nr. 98) dagegen düster kupferfarben. Im Alter nimmt jedoch auch die Glänzende diese Farbe an. Beide Arten kommen in den gleichen Lebensräumen vor und verhalten sich ähnlich. Im Moor freilich ist die Glänzende Smaragdlibelle seltener anzutreffen, jedoch entwickelt sie sich auch in langsam fließenden Gewässern. Über die Eiablage wird unter Nr. 51 berichtet (vgl. Nr. 21).

100. Gefleckte Smaragdlibelle, *Somatochlora flavomaculata* (Van der Linden), Paarungsrad
Familie: Falkenlibellen, *Corduliidae*
Flugzeit: Juni bis August
Diese hübsche Art meidet das offene Wasser, sie fliegt über Schilffeldern, verwachsenen Gräben und auf Waldlichtungen. Hier kann man auch die Paarung beobachten.

Libellen an Tümpel, Teich und See

101. Vierfleck, *Libellula quadrimaculata* Linné, Männchen
Familie: Segellibellen, *Libellulidae*
Flugzeit: Mai bis Juli
Der Vierfleck ist eine unserer häufigsten Libellenarten. Er fliegt an stehenden Gewässern aller Art, im Moor tritt er oft in großer Anzahl auf. Männchen und Weibchen gleichen sich fast völlig. Diese Wanderlibelle (Nr. 25) hat den ganzen Norden der Alten und der Neuen Welt besiedelt. Die Männchen halten sich zumeist in Ufernähe auf. Sie betreiben eine Art „Anstandsjagd": Sie sitzen auf einer erhöhten Warte, zu der sie immer wieder zurückkehren und die sie gegen andere Tiere verteidigen. Von hier aus fangen sie ihre Beute, und sie fliegen eierlegende Weibchen an. Sperma-Auffüllung und Paarung werden im Fluge vollzogen, der gesamte Vorgang dauert etwa dreißig Sekunden. Zunächst fliegt das Paar wild umher, die letzten Sekunden jedoch steht es fast bewegungslos in der Luft. Sofort nach der Trennung beginnt das Weibchen mit der Eiablage, wobei es mit der Spitze des Hinterleibes den Wasserspiegel berührt. Das Männchen schwebt darüber und „bewacht" es (Nr. 54).

102. Plattbauch, *Libellula depressa* Linné, Männchen
Familie: Segellibellen, *Libellulidae*
Flugzeit: Mai bis Juli
Der Plattbauch ist viel seltener als der Vierfleck. An Teichen und Seen ist er kaum je zahlreich anzutreffen, eher schon an Kleingewässern aller Art. Nach dem Kriege war er eine typische „Bombentrichterlibelle". Sein Verhalten entspricht weitgehend jenem des Vierflecks (Larve: Nr. 4, Eiablage: Nr. 52).

103. Spitzenfleck, *Libellula fulva* Müller, Männchen
104. Spitzenfleck, *Libellula fulva* Müller, Paarungsrad
Familie: Segellibellen, *Libellulidae*
Flugzeit: Mai bis Juni
Das Männchen des Spitzenflecks kann leicht mit jenem des Großen Blaupfeils (Nr. 105) verwechselt werden, insbesondere da der deutsche Name, der auf schwarze Flecken an den Flügelspitzen hinweist, genaugenommen nur für das Weibchen zutrifft; beim Männchen sind sie nur schwach ausgebildet, oft fehlen sie völlig. Jedoch hat der Spitzenfleck im Hinterflügel einen großen, schwarzen Basalfleck, der dem Blaupfeil fehlt. Der wissenschaftliche Name „fulva", die Gelbe, trifft nur auf das Weibchen und auf das Männchen im Jugendkleid zu: Deren Hinterleib ist gelb und trägt auf dem Rücken einen Mittelstreifen aus schwarzen Dreiecken, die nach hinten hin immer größer werden. Die Art fliegt an Seeufern und Gräben mit viel Pflanzenwuchs. Ihr Verhalten ähnelt jenem von Vierfleck und Plattbauch. Die Paarung wird im Fluge eingeleitet, aber im Sitzen vollendet. Dabei entstehen die „Kopulationsmarken" auf dem Hinterleib des Männchens. Das Weibchen klammert sich an diesem fest und zerkratzt mit den Dornen an seinen Beinen die Blaubereifung auf der Oberseite des fünften Ringes.

An stehenden Gewässern fliegen auch folgende Großlibellen:
26. Feuerlibelle, *Crocothemis erythraea* (Brullé)
30. Große Moosjungfer, *Leucorrhinia pectoralis* (Charpentier)
31. Frühe Heidelibelle, *Sympetrum fonscolombei* (Selys)
51. Zweifleck, *Epitheca bimaculata* (Charpentier)
53 – 56, Umschlagbild. Blutrote Heidelibelle, *Sympetrum sanguineum* (Müller)

105. Großer Blaupfeil, *Orthetrum cancellatum* (Linné), Männchen
Familie: Segellibellen, *Libellulidae*
Flugzeit: Mai bis August
Diese Libelle ist an Teichen und Seen häufig. Die Männchen fliegen in Ufernähe und sonnen sich gerne auf der Erde. Die Paarung wird im Fluge eingeleitet und im Sitzen beendet, die Eiablage erfolgt „mit bewachendem Männchen" (Nr. 54). Vergleiche auch Nr. 13 – 16, Nr. 19.

105 a. Östlicher Blaupfeil, *Orthetrum albistylum* (Selys)
Familie: Segellibellen, *Libellulidae*
Flugzeit: Juni bis August
Der Östliche Blaupfeil ist etwas kleiner und schlanker als der Große Blaupfeil, auch ist die Wachsbereifung des Hinterleibes heller. Am besten sind die Männchen an den weißen Hinterleibsanhängen (beim Großen Blaupfeil sind sie schwarz) zu erkennen. Die Art ist in Osteuropa und Asien zuhause, in Deutschland wurde sie wiederholt festgestellt.

106. Südlicher Blaupfeil, *Orthetrum brunneum* (Fonscolombe), Männchen
Familie: Segellibellen, *Libellulidae*
Flugzeit: Juni bis August
Eine Art aus dem Mittelmeergebiet, die bei uns immer wieder auftaucht. Man findet sie an Kleingewässern aller Art, auch an langsam fließenden Gräben. Sie ähnelt dem Kleinen Blaupfeil (Nr. 68), ist jedoch kräftiger gebaut, und die Blaubereifung überzieht auch die Brust.

107. Sumpf-Heidelibelle, *Sympetrum depressiusculum* (Selys), Weibchen
Familie: Segellibellen, *Libellulidae*
Flugzeit: Juli bis September
Von ihren Verwandten unterscheidet sich diese zierliche Heidelibellenart durch den abgeplatteten Hinterleib, der beim Männchen leuchtend rot gefärbt ist. Man findet sie über flachem, verwachsenem Wasser; ihre Häufigkeit schwankt von Jahr zu Jahr. Die Eiablage vollzieht sich wie bei allen Heidelibellen in Tandemstellung.

108. Schwarze Heidelibelle, *Sympetrum danae* (Sulzer), Männchen
Familie: Segellibellen, *Libellulidae*
Flugzeit: Juli bis September
Durch seine schwarze Farbe weicht das Männchen dieser Art von allen anderen Heidelibellen ab. Die Art fliegt im Norden von Amerika, Europa und Asien. An Mooren ist sie oft sehr häufig, man kann ihr aber an allen stehenden Gewässern begegnen. Das Paarungs- und Eiablageverhalten entspricht weitgehend jenem der Blutroten Heidelibelle (Nr. 53 – 56). Bild Nr. 24 zeigt ein fliegendes Paarungsrad.

108 a. Südliche Heidelibelle, *Sympetrum meridionale* (Selys)
Familie: Segellibellen, *Libellulidae*
Flugzeit: Juli bis September
Auch diese Libellenart wandert gelegentlich aus Südeuropa bei uns ein. Sie ist leicht an der völlig zeichnungslosen Brust zu erkennen, auch ist das Rot des Männchens etwas heller als bei verwandten Arten. Sie fliegt an stehenden Gewässern aller Art, wird aber auch weit ab vom Wasser angetroffen.

109. Gemeine Heidelibelle, *Sympetrum vulgatum* (Linné), Männchen
Familie: Segellibellen, *Libellulidae*
Flugzeit: Juli bis November
Diese und ihre Schwesternart, die Große Heidelibelle (Nr. 36, 39) sind unsere häufigsten Heidelibellen; die „Große" ist im Süden zahlreicher, die „Gemeine" im Norden. Am besten sind sie an der schwarzen Querlinie über der Stirne zu unterscheiden, die bei der „Großen" an den Augen endet, bei der „Gemeinen" an deren Rand abwärts verläuft (vgl. die Zeichnung). Zudem steht die Legescheide der Weibchen bei der „Gemeinen" fast rechtwinkelig, bei der „Großen" in einem Winkel von etwa 30° vom Körper ab. Von weitem kann man die „Große" an den zumeist recht deutlichen gelben Seitenstreifen der Brust erkennen, die bei der „Gemeinen" nur schwach zu sehen sind. Beide Arten entfernen sich oft sehr weit von ihren Wohngewässern. (Eiablage: Nr. 53.)

110. Gefleckte Heidelibelle, *Sympetrum flaveolum* (Linné), Männchen
Familie: Segellibellen, *Libellulidae*
Flugzeit: Juli bis September
Die Gefleckte Heidelibelle ist in beiden Geschlechtern leicht an der ausgedehnten, freilich sehr variablen Gelbfärbung ihrer Flügel zu erkennen. Ihre Häufigkeit unterliegt großen Schwankungen. Man begegnet ihr über Sümpfen und verwachsenen Tümpeln, seltener am offenen Wasser; auch diese Art schweift weit umher. Die Eiablage erfolgt über feuchtem Boden oder in flaches Wasser zwischen Pflanzen (Weibchen: Nr. 37).

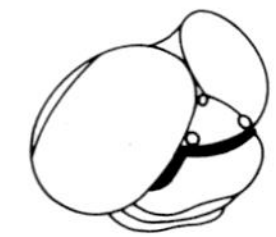

Kopf der Gemeinen Heidelibelle

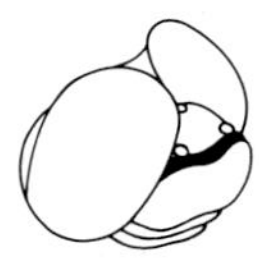

Kopf der Großen Heidelibelle

111. Gebänderte Heidelibelle, *Sympetrum pedemontanum* (Allioni), Männchen
Familie: Segellibellen, *Libellulidae*
Flugzeit: Juli bis September
Die Gebänderte Heidelibelle ist eine der schönsten Arten dieser Gattung. Sie ist im Norden der Alten Welt bis nach Japan verbreitet. Ihr Lebensraum sind Sümpfe und sumpfige Wiesen. Meist begegnet man ihr im Gebirge, selten nur im Flachland. Stellenweise kann sie sehr zahlreich sein. Dank ihrem flachen Fluge und den schwarzen Flügelbinden, die ein eigenartiges Flimmern hervorrufen, ist sie nicht leicht zu entdecken.

112. Zierliche Moosjungfer, *Leucorrhinia caudalis* (Charpentier), Paarungsrad
Familie: Segellibellen, *Libellulidae*
Flugzeit: Mai bis Juni
Der wissenschaftliche Name der Moosjungfern geht auf ihre weiße Stirn zurück, an der die fünf bei uns vertretenen Arten (Nr. 23, 30, 112 a, 120) leicht zu erkennen sind. Die Zierliche Moosjungfer ist zwar weit verbreitet, doch kommt sie nur an wenigen, ihr zusagenden Gewässern vor. Sie scheint schwach saures Wasser zu lieben und fliegt deshalb an Seen ohne oder mit Torfmoosen. Die Männchen setzen sich gerne auf See- oder Teichrosenblätter.

112 a. Östliche Moosjungfer, *Leucorrhinia albifrons* (Burmeister)
Familie: Segellibellen, *Libellulidae*
Flugzeit: Mai bis Juni
Diese Art ähnelt der vorigen, ist jedoch schlanker. Sie scheint die gleichen Ansprüche an den Lebensraum zu stellen; dennoch begegnet man ihr viel seltener.

Speer-Azurjungfer

Mond-Azurjungfer

113. Speer-Azurjungfer, *Coenagrion hastulatum* (Charpentier), Männchen
Familie: Schlanklibellen, *Coenagrionidae*
Flugzeit: Mai bis Juli
Diese Art erhielt ihren wissenschaftlichen und ihren deutschen Namen wegen einer pfeilartigen Zeichnung auf dem 2. Hinterleibsring. Man begegnet ihr in nährstoffarmen Mooren mit Torfmoosen. Die Paare können zur Eiablage unter Wasser gehen; dabei pflegen die Weibchen ganz, die Männchen nur teilweise unterzutauchen.

114. Mond-Azurjungfer, *Coenagrion lunulatum* (Charpentier), Paarungsrad
Familie: Schlanklibellen, *Coenagrionidae*
Flugzeit: Ende Mai bis Mitte Juni
Die Libelle ist etwas robuster gebaut als die Speer-Azurjungfer, auf dem zweiten Hinterleibsring trägt sie nur ein Möndchen. Ihre Ansprüche an den Lebensraum sind ähnlich, sie zieht jedoch etwas nährstoffreichere Moorgewässer vor. Vor allem im norddeutschen Raum ist sie weit verbreitet. Die Eiablage beginnt an der Oberfläche und wird unter Wasser fortgesetzt.

In Mooren begegnet man auch folgenden Kleinlibellenarten:
34. Späte Adonislibelle, *Ceriagrion tenellum* (De Villers)
74. Gemeine Binsenjungfer, *Lestes sponsa* (Hansemann)
75. Glänzende Binsenjungfer, *Lestes dryas* Kirby
77. Kleine Binsenjungfer, *Lestes virens* (Charpentier)
78. Frühe Adonislibelle, *Pyrrhosoma nymphula* (Sulzer)
83. Becher-Azurjungfer, *Enallagma cyathigerum* (Charpentier)

115. Torf-Mosaikjungfer, *Aeshna juncea* (Linné), Paarungsrad
Familie: Edellibellen, *Aeshnidae*
Flugzeit: Juli bis September
Der deutsche Name dieser großen Libelle weist darauf hin, daß man ihr an Torfgewässern aller Art begegnet. Im Süden ist sie auf das Gebirge beschränkt, in Norddeutschland kommt sie auch im Flachland vor. Die Männchen fliegen die Ufer entlang und suchen nach eierlegenden Weibchen. Auf Waldlichtungen, ferne vom Wasser, kann man ihren Jagdflug beobachten. Das Weibchen sticht seine Eier in Pflanzenteile verschiedenster Art ein.

116. Hochmoor-Mosaikjungfer, *Aeshna subarctica* Walker, Männchen
Familie: Edellibellen, *Aeshnidae*
Flugzeit: Juli bis September
Erst in den zwanziger Jahren wurde diese Art in Deutschland aufgefunden. Sie ist blasser gefärbt als die Torf-Mosaikjungfer; außerdem trägt diese auf der Rückseite des Kopfes jederseits ein helles Fleckchen, das der Hochmoor-Mosaikjungfer fehlt. Sie ist auf Torfmoore beschränkt, da ihre Eiablage praktisch nur in lebendes *Sphagnum* erfolgt. Deshalb ist sie seltener als die Torf-Mosaikjungfer. Wegen ihrer Ähnlichkeit mit dieser, aber auch weil sie häufig über den schwer betretbaren Torfmoosflächen fliegt, wird sie oft übersehen.

117. Alpen-Mosaikjungfer, *Aeshna coerulea* (Ström), Männchen
Familie: Edellibellen, *Aeshnidae*
Flugzeit: Juli bis August
Eine seltene, nordische Art mit boreo-alpiner Verbreitung, das heißt, sie kommt nur in Nordeuropa und in den Gebirgen Mitteleuropas vor, fehlt jedoch in der Norddeutschen Tiefebene. Man begegnet ihr an Seen und Mooren im Gebirge, in Höhenlagen von mehr als tausend Metern. Sofort fällt sie durch ihr leuchtendes Blau auf. Sie ist aus den Alpen, dem Schwarzwald und dem Riesengebirge bekannt. An sonnigen Tagen fliegt sie in den Morgenstunden, die Mittagswärme scheint sie zu meiden (vgl. Nr. 29). Die Weibchen stechen ihre Eier in verschiedene Pflanzen wie Seggen und Torfmoose ein.

118. Alpen-Smaragdlibelle, *Somatochlora alpestris* (Selys), Männchen
Familie: Falkenlibellen, *Corduliidae*
Flugzeit: Juni bis September
Auch diese düster gefärbte Art ist boreo-alpin verbreitet. Sie fliegt in den Alpen, dem Schwarzwald und dem Harz, ebenfalls nur in Höhen von über tausend Metern. Man begegnet ihr an Seeufern, über Torfmoosen und an Schlenken, öfter setzt sie sich in Bodennähe ab. Die Männchen dieser und der folgenden, ähnlichen Art sind am besten an der Form der Hinterleibsanhänge zu unterscheiden. Dem Weibchen der Alpen-Smaragdlibelle fehlen die beiden gelben Flecken, die den dritten Hinterleibsring der Arktischen Smaragdlibelle zieren. Die Eiablage erfolgt ins Wasser unmittelbar am Ufer.

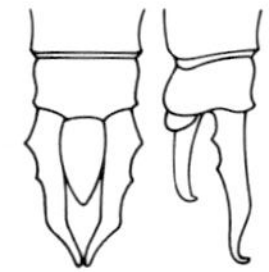
Alpen-Smaragdlibelle

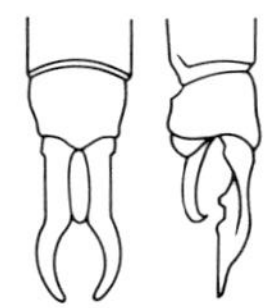
Arktische Smaragdlibelle

Hinterleibsanhänge der Männchen

119. Arktische Smaragdlibelle, *Somatochlora arctica* (Zetterstedt), Weibchen
Familie: Falkenlibellen, *Corduliidae*
Flugzeit: Mai bis September
In ihren Lebensgewohnheiten gleicht diese Libelle der vorigen, sie kommt jedoch auch im Flachland vor. Die Eiablage erfolgt in überflutete Torfmoose.

120. Kleine Moosjungfer, *Leucorrhinia dubia* (Van der Linden), Paarungsrad
Familie: Segellibellen, *Libellulidae*
Flugzeit: Mai bis August
Die Kleine Moosjungfer ist eine der häufigsten Moorlibellen. Sie gehört zu den ersten Arten im Frühjahr, man trifft einzelne Tiere aber auch noch im August an. Die Männchen halten sich in Ufernähe auf, hier wird auch die Paarung eingeleitet. Die Räder entfernen sich zumeist vom Wasser. Ähnlich ist die Nordische Moosjungfer, *Leucorrhinia rubicunda* (Nr. 23). Sie ist etwas größer und hat ein rötliches Flügelmal (bei der Kleinen Moosjungfer ist es schwarz). Diese Art fliegt in Norddeutschland und in der Oberpfalz, ihre Flugzeit ist kürzer (Mai und Juni).

In Mooren kann man auch folgenden Großlibellen begegnen:
30. Große Moosjungfer, *Leucorrhinia pectoralis* (Charpentier)
87, 88. Kleine Mosaikjungfer, *Brachytron pratensis* (Müller)
89. Braune Mosaikjungfer, *Aeshna grandis* (Linné)
90. Blaugrüne Mosaikjungfer, *Aeshna cyanea* (Müller)
91. Herbst-Mosaikjungfer, *Aeshna mixta* Latreille
101. Vierfleck, *Libellula quadrimaculata* Linné
108. Schwarze Heidelibelle, *Sympetrum danae* (Sulzer)

Verzeichnis der wissenschaftlichen Namen

Aeshna affinis 92
– coerulea 29, 117
– cyanea 49, 90
– grandis 47, 89
– isosceles 35, 94
– juncea 115
– mixta 91
– subarctica 116
– viridis 93
Anax imperator 3, 12, 95
– parthenope 20, 32, 48, 96
Brachytron pratensis 87, 88
Calopteryx splendens 1, 59
– virgo 57, 58
Cercion lindeni 86
Ceriagrion tenellum 34
Chalcolestes viridis 22, 33, 43
Coenagrion armatum 86 a
– hastulatum 113
– hylas 63, 64
– lindeni s. Cercion
– lunulatum 114
– mercuriale 45, 61
– ornatum 62
– puella 41, 84
– pulchellum 85
– scitulum 86 b
Cordulegaster bidentatus 67
– boltoni boltoni 65
– b. immaculifrons 66
Cordulia aenea 98
Crocothemis erythraea 19, 20, 26
Enallagma cyathigerum 83
Epitheca bimaculata 50
Erythromma najas 2, 79
– viridulum 11, 80
Gomphus flavipes 69 a
– pulchellus 9, 10, 97
– simillimus 97 a
– vulgatissimus 69
Hemianax ephippiger 27
Ischnura elegans 5 – 8, 18, 40, 44, 81
– pumilio 82
Lestes barbarus 76
– dryas 75
– macrostigma 76 a
– sponsa 38, 40, 74
– virens 77
– viridis s. Chalcolestes
Leucorrhinia albifrons 112 a
– caudalis 112
– dubia 120
– pectoralis 30
– rubicunda 23, 120
Libellula depressa 4, 52, 102
– fulva 103, 104
– quadrimaculata 25, 101
Nehalennia speciosa 82 a
Onychogomphus forcipatus 71
– f. unguiculatus 71
– uncatus 72
Ophiogomphus serpentinus 70
Orthetrum albistylum 105 a
– brunneum 106
– cancellatum 13 – 16, 19, 105
– coerulescens 68
Oxygastra curtisi 68 a
Pantala flavescens 28
Platycnemis latipes 60 a
– pennipes 60
Pyrrhosoma nymphula 17, 46, 78
Somatochlora alpestris 118
– arctica 119
– flavomaculata 100
– metallica 21, 51, 99
Sympecma fusca 38, 42, 73
– paedisca 73 a
Sympetrum danae 24, 108
– depressiusculum 107
– flaveolum 37, 110
– fonscolombei 31
– meridionale 108 a
– pedemontanum 111
– sanguineum 37, 39, 53 – 56, Umschlagbild
– striolatum 36, 39
– vulgatum 109

Arten mit a oder b hinter der Nr. sind nicht abgebildet

Verzeichnis der deutschen Namen

Adonislibelle, Frühe 17, 46, 78
–, Späte 34
Azurjungfer, Becher- 83
–, Bileks 63, 64
–, Fledermaus- 85
–, Gabel- 86 b
–, Hauben- 86 a
–, Helm- 45, 61
–, Hufeisen- 41, 84
–, Mond- 114
–, Pokal- 86
–, Speer- 113
–, Vogel- 62
Binsenjungfer, Dunkle 76 a
–, Gemeine 38, 40, 74
–, Glänzende 75
–, Kleine 77
–, Südliche 76
Blaupfeil, Großer 13 – 16, 19, 105
–, Kleiner 68
–, Östlicher 105 a
–, Südlicher 106
Federlibelle 60
–, Weiße 60 a
Feuerlibelle 19, 20, 26
Granatauge, Großes 2, 79
–, Kleines 11, 80
Heidelibelle, Blutrote 37, 39, 53 – 56, Umschlagbild
–, Frühe 31
–, Gebänderte 111
–, Gefleckte 37, 110
–, Gemeine 109
–, Große 36, 39
–, Schwarze 24, 108
–, Südliche 108 a
–, Sumpf- 107
Keilflecklibelle 35, 94
Keiljungfer, Asiatische 69 a
–, Gelbe 97 a
–, Gemeine 69
–, Grüne 70
–, Westliche 9, 10, 97
Königslibelle, Große 3, 12, 95
–, Kleine 20, 32, 48, 96
Moosjungfer, Große 30
–, Kleine 120
–, Nordische 23, 120
–, Östliche 112 a
–, Zierliche 112
Mosaikjungfer, Alpen- 29, 117
–, Blaugrüne 49, 90
–, Braune 47, 89
–, Grüne 93
–, Herbst- 91
–, Hochmoor- 116
–, Kleine 87, 88
–, Südliche 92
–, Torf- 115
Pechlibelle, Große 5 – 8, 18, 40, 44, 81
–, Kleine 82
Plattbauch 4, 52, 102
Prachtlibelle, Blauflügel- 57, 58
–, Gebänderte 1, 59
Quelljungfer, Gestreifte 67
–, Zweigestreifte 65, 66
Schabrackenlibelle 27
Smaragdlibelle, Alpen- 118
–, Arktische 119
–, Gefleckte 100
–, Gekielte 68 a
–, Gemeine 98
–, Glänzende 21, 51, 99
Spitzenfleck 103, 104
Vierfleck 25, 101
Wanderlibelle 28
Weidenjungfer 22, 33, 43
Winterlibelle, Gemeine 38, 42, 73
–, Sibirische 73 a
Zangenlibelle, Große 72
–, Kleine 71
Zweifleck 50
Zwerglibelle 82 a